中国地质调查局(CGS 2019 - 011)武陵山区湘西北城镇 资助
地质灾害调查项目(NO.DD20160275)
国家自然科学基金项目(NO.41877525、NO.41772310) 资助

U0320326

武陵山区城镇地质灾害风险评估技术指南及案例分析

Guidelines and Applications for Geohazard Risk Assessment of Urban Areas in Wuling Mountain Region

(1 : 10 000 ~ 1 : 2 000)

陈丽霞　徐　勇　李德营　殷坤龙　桂　蕾　连志鹏　著

中国地质大学出版社
CHINA UNIVERSITY OF GEOSCIENCES PRESS

图书在版编目(CIP)数据

武陵山区城镇地质灾害风险评估技术指南及案例分析/陈丽霞等著．—武汉:中国地质大学出版社，
2019.9(2022.2重印)

ISBN 978-7-5625-4580-4

Ⅰ.①武…

Ⅱ.①陈…

Ⅲ.①山区-地质灾害-风险评价-西南地区

Ⅳ.①P694

中国版本图书馆 CIP 数据核字(2019)第 142013 号

| 武陵山区城镇地质灾害风险评估技术指南及案例分析 | 陈丽霞　徐　勇　李德营 | 著 |
| | 殷坤龙　桂　蕾　连志鹏 | |

| 责任编辑:谢媛华 | 选题策划:谢媛华 | 责任校对:周　旭 |

出版发行:中国地质大学出版社(武汉市洪山区鲁磨路 388 号)		邮编:430074
电　　话:(027)67883511	传　　真:(027)67883580	E-mail:cbb @ cug.edu.cn
经　　销:全国新华书店		http://cugp.cug.edu.cn

开本:880 毫米×1 230 毫米　1/16	字数:277 千字　印张:8.75
版次:2019 年 9 月第 1 版	印次:2022 年 2 月第 2 次印刷
印刷:武汉中远印务有限公司	

| ISBN 978-7-5625-4580-4 | 定价:58.00 元 |

如有印装质量问题请与印刷厂联系调换

《武陵山区城镇地质灾害风险评估技术指南及案例分析》
出版编撰委员会

指导委员会

主　　任：刘同良

副 主 任：殷坤龙　李　军

委　　员：潘　伟　徐　勇　陈丽霞　李德营　赵　欣

　　　　　李远耀　皮建高　孙锡良　盛玉环　陈　平

执行委员会

陈丽霞　徐　勇　李德营　殷坤龙　桂　蕾　连志鹏

吴吉民　郭春迎　李　逵　刘　磊　李远耀　杜　娟

黄　珏　厉一宁　王　璨　覃佐辉

前　言

武陵山区是我国地质灾害易发地区，人口分布密度大，近年来交通建设、城镇化发展进程非常迅速，地质灾害风险问题日益突出。为了有效、有针对性地实施武陵山区城镇地质灾害的风险评估工作，本指南依托湘西北城镇地质灾害调查项目成果，在总结武陵山区主要城镇地质灾害成因及致灾规律的基础上，形成了该区域重要城镇地质灾害风险评估技术方法，可用于指导该区及类似地区城镇地质灾害风险调查、评估与防控工作。

目前，国内外对服务于经济建设与城镇化进程的地质灾害风险技术指南的需求日益突出。国内在地质灾害风险调查与评估工作方面已取得了一系列的重要进展，以风险控制为目标的调查与评价规范、导则、技术要求均有相应的成果，围绕地质灾害风险分析与评估的文献也逐渐丰富。

在 2011 年出版的《滑坡崩塌泥石流灾害详细调查规范（1：50 000）》指导下，我国开展了地质灾害易发区 1：50 000 地质灾害详细调查工作，规范中提出了各灾害种类的调查方法，为易发区灾害后续更详细的风险调查与评估工作提供了重要的数据基础。同时，2012 年出版的《山区城镇地质灾害调查与风险评估导则》结合该规范，针对地质灾害重点区和重要灾害点（滑坡、崩塌、泥石流及其隐患点），指导性提出了定性、半定量和定量的评价方法与相关要求。中国地质调查局（2015）认为，前期调查工作较少开展极端条件下地质灾害易发性和风险性的定量评价，还没有形成地质灾害风险评价与区划的技术标准，地质灾害危险性、风险评价结果只是概略性的。基于此，我国先后编制了《集镇滑坡崩塌泥石流勘查规范》和《崩塌滑坡泥石流调查评价技术要求（试用版）》。前者为形成大比例尺的高精度地质灾害勘查资料提供了保障，是本指南编制中风险评估案例的重要数据来源；后者提出的地质灾害风险调查方法和技术要求，是编制该区域风险评价指南工作的重要依据。

本指南共分九部分，包括总则、术语和定义、地质灾害风险评估基础数据、城镇尺度地质灾害风险评估、单体地质灾害风险评估、地质灾害风险制图、成果报告编写要求及案例分析。指南所涉及的技术方法适合武陵山区和其他类似山区城镇开展 1：10 000 重点城镇地质灾害风险评估工作。

由于时间仓促，且不同地区地质环境条件复杂多变，地质灾害风险问题各异，本指南难免会有疏漏和不足之处，恳请各位专家、读者批评指正。

著　者

2018 年 12 月

目　录

1 总 则

1.1 编制目的

本指南依托 1∶50 000 灾害地质调查成果,针对武陵山区重要城镇地质灾害成因和风险特点,指导开展 1∶10 000 城镇及其辖区内重要地段或 1∶2 000 单体地质灾害风险定量化评估工作,同时为我国其他存在类似地质灾害与风险问题的山区城镇提供技术指导。

1.2 适用范围

武陵山区地质灾害以滑坡(浅层土质滑坡和岩质顺层滑坡)和崩塌为主,本指南适用于武陵山区城镇(1∶10 000～1∶5 000)、场地或单体(1∶5 000～1∶2 000)尺度的滑坡与崩塌地质灾害风险评估工作。

本指南中所提出的技术方法与要求,适用于从事山区地质灾害调查与风险评估、灾害防治设计、城镇建设规划技术人员使用。指南从地质灾害调查数据要求、风险评估方法、风险制图和风险处置建议等方面提出了指导性建议。其中,地质灾害风险评估数据要求和风险图系编制要求也适用于其他地区同一尺度灾害评估;指南中的风险评估方法和思路,适用于浅层滑坡、崩塌发育较为集中的山区城镇风险评估工作。

1.3 引用规范

集镇滑坡崩塌泥石流勘察规范(DZ/T 0262—2014)。

中国地质调查局崩塌滑坡泥石流地质灾害调查与风险评价技术要求(试用)。

滑坡崩塌泥石流灾害调查规范(1∶50 000)(DZ/T 0261—2014)。

中国地质调查局技术要求山区城镇地质灾害调查与风险评估导则(2012)。

建设用地地质灾害危险性评估技术要求(DZ 0245—2004)。

地质灾害分类分级标准(T/CAGHP 001—2018)。

滑坡防治工程勘查规范(DZ/T 0218—2006)。

滑坡防治工程设计与施工技术规范(DZ/T 0219—2006)。

崩塌防治工程勘察规范(试行)(T/CAGHP 011—2018)。

岩土工程勘察规范(GB 50021—2009)。

建筑边坡工程技术规范(GB 50330—2013)。

土工试验方法标准(GB/T 50123—1999)。

泥石流灾害防治工程勘查规范(试行)(T/CAGHP 006—2018)。

工程测量规范(GB 50026—2007)。

工程岩体试验方法标准(GB/T 50266—2013)。

地质灾害防治工程勘察规范(DB 50/143—2003)。

区域水文地质工程地质环境地质综合勘查规范(比例尺 1∶50 000)(GB/T 14158—1993)。

三峡库区地质灾害防治工程地质勘查技术要求(三峡库区地质灾害防治工作指挥部,2012 年 7 月)。

地质灾害排查规范(DZ/T 0284—2015)。

地质灾害危险性评估规范(DZ/T 0286—2015)。

遥感、物探、钻探、测量、测试等各项行业标准及其他有关国家标准(GB)、规程和规范。

2　术语和定义

下列术语和定义适用于本指南。

2.1　基本术语

2.1.1　地质灾害 Geohazard

地质灾害是指自然因素或人为活动引发的对人类生命、财产和生存环境造成破坏或损失的地质作用及现象。本指南中主要指滑坡和崩塌灾害。

2.1.2　滑坡 Landslide

斜坡上的岩土体在重力作用下沿一定的软弱面整体或局部保持结构完整向下运移的过程和现象及其形成的地貌形态。广义的滑坡是斜坡岩土体失稳后向下运动的统称。

2.1.3　崩塌 Rockfall

高陡斜坡上的岩土体在重力作用下拉断或倾覆并脱离基岩母体,快速崩落、滚落或跳跃,最后堆积于坡脚形成倒石堆的过程和现象。

2.1.4　危岩体 Dangerous Rockmass

被多组不连续结构面切割分离,稳定性差,可能以滑移、倾倒或坠落等形式发生崩塌的危险岩体。

2.1.5　地质灾害链 Geohazard Chain

时间上有先后、空间上彼此相依,存在因果关系且依次延续出现而呈连锁反应的几种地质灾害组成的灾害系列。

2.1.6　地质灾害编录 Geohazard Inventory

对地质灾害的位置、类型、规模、活动性、发生日期等数据信息进行登记和编目。常见的编录形式有编录图(Inventory Map)和编录数据库(Inventory Database)。

2.1.7　地质灾害易发性 Geohazard Susceptibility

一个地区基础地质环境条件所决定的发生地质灾害的空间概率的度量,也即"什么地方容易发生地质灾害"。

2.1.8　地质灾害危险性 Geohazard Probability

在某种诱发因素作用下,一定区域内某一时间段发生特定规模和类型的地质灾害的概率。地质灾害危险性的描述应包括地质灾害发生的空间概率、时间概率、规模(体积、面积、堆积物厚度等)、速度、位移距离、扩展影响范围以及形成灾害链的可能性及其强度。

2.1.9　地质灾害危害性 Geohazard Consequence

地质灾害发生所导致后果或潜在后果的严重程度,一般用财产损失价值、建筑物破坏价值及人员伤亡数等指标来表征。

2.1.10　承灾体 Elements at Risk or Exposure

某一地区内受地质灾害潜在影响的人员、建筑物、工程设施、基础设施、公共事业设备、经济活动和环境等承受灾害的对象。

2.1.11　易损性 Vulnerability

地质灾害影响区内承灾体可能遭受地质灾害破坏的程度,用0(没有损失)到1(完全损失)之间的数字来表征。对于财产,是损坏的价值与财产总值的比率;对于人员,是在地质灾害影响范围内人的死亡概率。

2.1.12　地质灾害风险 Geohazard Risk

生命、健康、财产或环境所遭受的不利影响的可能性和严重程度的大小。对于地质灾害人员死亡风险,一般以处于最大风险的人员死亡数量的年概率来表示,由地质灾害危险性、人员遭受地质灾害危险的时空概率和遭遇地质灾害时的易损性决定;对于地质灾害财产损失风险,一般以处于最大风险的财产损失价值的年概率来表示,由地质灾害危险性、财产遭受地质灾害的时空概率和遭遇地质灾害时的易损性决定。

2.1.13　个人风险 Individual Risk

指遭受地质灾害威胁的某特定群体(如某特定区域范围内或具有某特殊属性的人群)中,平均每个人出现某种程度伤亡的概率。例如,在一个有 1 000 000 人口的区域,由于滑坡灾害而导致的人口风险为 5 人/a,则个人风险为 5×10^{-6}/a。

2.1.14　风险接受准则 Risk Acceptance Criteria

表示在规定的时间内,或灾害发展的某个阶段内可接受的风险水平。它直接决定了各项风险所需采取的管理控制措施。

2.1.15　风险处置 Risk Treatment

指应对风险的选择,包括接受风险、回避风险、降低灾害发生概率或强度、减少灾害后果或转移风险。

2.1.16　风险控制 Risk Control

为了控制风险而采取的灾害防治、监测预警等措施。

2.1.17　风险管理　Risk Management

将管理政策、程序和经验系统地应用到风险评估、风险监测预警和风险控制的过程。

2.2　基本框架

地质灾害风险评估是以风险分析为基础,将所得的各种量化值和判断用于决策阶段的过程,其主要内容包括界定风险,并对潜在的经济、社会和环境等方面的致灾后果程度进行判断,以期为风险管理提供选择方案。开展地质灾害风险分析和衡量风险程度是地质灾害风险评估的核心。

武陵山区城镇地质灾害风险评估分城镇尺度和单体尺度(场地评估参照单体实施),其风险评估总体框架如图2-1所示。

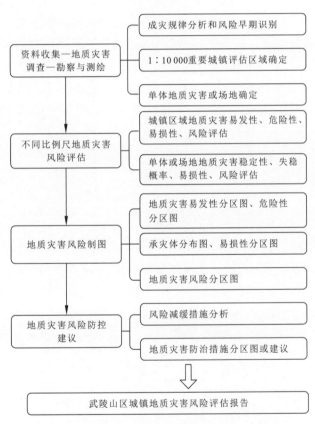

图2-1　武陵山区城镇地质灾害风险评估总体框架

3　地质灾害风险评估基础数据

3.1　一般要求

3.1.1　地质灾害风险评估所需的数据可分为四大类：地质灾害编录、地质环境条件、诱发因素和承灾体等数据。不同的评估内容与评估方法，对应不同数据内容和数据精度要求。

3.1.2　其他资料性数据主要包括工作区地质灾害勘察、监测或治理设计资料及城市用地规划资料等。

3.1.3　地质灾害风险评估分城镇尺度、场地尺度或单体尺度进行，根据工作区特点决定是否实施场地地质灾害风险评估。场地尺度评估数据与单体尺度评估数据要求相同，评估方法同城镇尺度中的确定性方法。

3.2　地质灾害编录数据

3.2.1　一般要求

3.2.1.1　地质灾害编录数据是风险评估的基础，其数据质量的优劣对评估结果产生直接影响。通过《崩塌滑坡泥石流地质灾害调查评价技术要求》（以下简称《技术要求》）完成的地质灾害编录资料能满足地质灾害风险评估。

3.2.1.2　地质灾害编录工作依照《技术要求》进行。除地面调查外，还可通过遥感影像的目视判读实现；有条件的地区，可采用机载激光扫描、地面激光扫描、合成孔径雷达干涉等技术手段。

3.2.2　城镇尺度地质灾害编录数据

3.2.2.1　滑坡编录数据应包括滑坡的类型、发生时间（尽可能具体到日）、范围（能区分源区和运动范围区域）、体积、面积、滑动面深度、滑体物质、运动距离、速度和诱发因素等。

3.2.2.2　崩塌编录数据应包括崩塌源区的破坏模式、发生时间（尽可能具体到日）、范围（能区分源区和运动范围区域）、岩土体性质、体积、面积和诱发因素等。

3.2.3　单体尺度地质灾害编录数据

3.2.3.1　单体滑坡编录应包括滑坡名称、图幅编号、野外编号、位置信息、滑体类型、滑坡平剖面形态、滑坡边界信息、斜坡结构类型、滑坡面积和体积、滑体厚度、主要滑动方向、滑体结构与物质组成、滑面类型、滑动带特征、宏观稳定状态、运动形式、活动状态、滑动速度、滑坡时代、扩展方式、变形特征及活动历史等数据。

3.2.3.2　崩塌编录应包括崩塌名称、图幅编号、野外编号、位置信息、崩塌类型、结构面类型及特征、崩塌宽度、崩塌厚度、崩塌高度、崩塌面积及体积、崩塌边界信息、堆积体面积及体积、崩塌方向、最大落差、最大水平位移、崩塌发生时间、运动形式、活动状态、稳定程度、诱发因素等数据。

3.3　地质环境条件数据

3.3.1　一般要求

地质灾害的地质环境条件数据包括地形地貌、工程地质、水文地质、岩土体物理力学性质等。数据的精细程度因评估尺度有所差异。

3.3.2　地形地貌数据

3.3.2.1　地形地貌数据可由工作区内数字高程模型（Digital Elevation Model，DEM）提供。该数据能衍生出其他各类地形参数信息，如坡度、坡向、坡长度、曲率、汇水面积、斜坡单元等。城镇区要求DEM的空间分辨率至少达到2m。

3.3.2.2　服务于单体地质灾害风险评估的地形地貌数据精度与灾害点勘察测绘精度一致。

3.3.3　工程地质条件数据

3.3.3.1　服务于城镇尺度地质灾害风险评估的工程地质条件数据要求如下。

（1）应包括工程地质分布、土体空间与厚度分布、坡体结构分布、软弱夹层分布、节理空间与属性分布、水文条件等。

（2）评估区内要反映地层岩性的工程地质类别与分界线。

（3）以浅层土质滑坡为主区域，需提供评估区物源的空间分布和厚度。

（4）以岩质滑坡或岩质崩塌为主的评估区，需提供评估区坡体结构的空间分布和相应属性（参考《技术要求》确定属性）或提供满足精度需求的岩层产状数据；由软弱夹层控制的岩质滑坡，需提供评估区软弱夹层的空间分布数据。

（5）由节理构造控制的以岩质滑坡或崩塌为主的评估区，需提供评估区内节理调查数据。

（6）若采用确定性物理力学模型进行城镇尺度评估，则需提供区内岩土体物理力学参数的空间分布数据。

3.3.3.2　服务于单体或场地地质灾害点风险评估的地质条件数据要求如下。

（1）对于岩质滑坡或崩塌，主要包括岩体类型、岩体工程性质、地层产状、结构面特征、软弱夹层性质、风化深度、风化分区、覆盖层厚度等。

（2）对于土质滑坡，滑体的工程性质与水文性质影响滑坡的稳定性。信息包括土体类型与成因、土体深度、土体工程性质（级配、密度、含水量、内聚力、内摩擦角）、土体水文性质（水土特征曲线、饱和渗透系数）等数据。

3.3.4　水文地质条件数据

水文地质条件数据包括评估区现状条件下地下水的空间分布、土壤含水率、水系的空间分布等。

3.3.5　其他地质环境条件数据

其他地质环境条件数据还可包括工作区土地利用类型、植被覆盖率等。

3.4　诱发因素数据

外部诱发因素数据包括降雨、地震以及人类工程活动等。武陵山区城镇地质灾害以降雨诱发和人类工程活动诱发为主。

3.4.1　降雨数据。对于武陵山区降雨型滑坡,降雨数据应包含工作区内历年(至少近30年)的日降雨量,保证能通过统计历史地质灾害与降雨量之间的相关性确定工作区地质灾害的相关降雨参数(如暴雨、多日降雨、有效降雨量等)及其对应阈值。

3.4.2　人类工程活动数据。应能反映与武陵山区城镇地质灾害相关性大的人类工程活动,具体包括线路工程修建切坡、居民房屋修建切坡、矿产资源开采等空间和相应属性信息。

3.5　承灾体数据

3.5.1　一般要求

武陵山区城镇工作区内承灾体对象以人口、建筑物、交通、生命线工程以及土地资源为主要类型,归类为人口与经济两部分。其数据尺度和精细程度与风险评估尺度需求对应。

3.5.2　城镇尺度要求

3.5.2.1　城镇尺度的承灾体数据要求能确定评估单元内的人口、建筑物、其他具有经济属性的受灾对象的实际数量和密度等信息。

3.5.2.2　城镇尺度人口数据包括静态和动态两种类型。静态人口数据为建筑物内人口数量或密度,动态数据为位于场地或线性道路上流动性较大的人流量数据。对于人口分布相对均匀的工作区,可通过评估单元内的受威胁面积和平均人口密度相乘得到;对于人口分布不均匀的工作区,则可通过受威胁面积和相应类型建筑物内人口密度相乘得到。人员对地质灾害风险的防范意识以及政府对该工作区地质灾害防治工作重视程度等内容是评估人员易损性的指标。人口数据可通过收集人口普查数据统计得到,也可使用遥感和GIS技术建立人口模型,提炼人口数据的空间分布。

3.5.2.3　城镇尺度建筑物数据应包括建筑物的空间分布、用途、结构、楼层、建筑时间和经济价值等信息。

3.5.2.4　城镇尺度交通网络数据包括各种交通线路类型(公路、铁路、航道、桥梁)、交通网分布、交通线路等级等信息。

3.5.2.5　城镇尺度生命线工程数据主要包括给水排水线路、输电线路、通信线路及输气线路等的网络分布、类型等信息。

3.5.3　单体尺度要求

3.5.3.1　用于单体地质灾害风险评估的建筑物数据主要包括建筑物的平面分布、面积、在灾害体的位置(灾害体前缘、后缘、中部、滑程区)结构类型、形态、材料、基础形式、建筑高度与层数、用途、维修状态、商用建筑的年均收益、使用时间、日均人口流量、室内设施价值、变形现状等。

3.5.3.2　单体地质灾害人口数据包括每个建筑物内人口数、年龄、性别、受教育程度、健康状况和在建筑物内的停留时间、居民财产等。

3.5.3.3　单体地质灾害交通网络数据包括各种交通线路类型(公路、铁路、航道、桥梁)、交通网分

布、交通线路等级、交通线路在灾害体的位置和长度、交通工具流量密度、行人流量密度、公路和桥梁等
变形情况、单位造价等。

3.5.3.4　生命线工程数据主要指给水排水线路、输电线路、通信线路及输气线路等的网络分布、类
型、线路在灾害体的位置和长度、重要杆塔在地质灾害体的位置与埋深、供应对象、变形现状等。

3.5.3.5　土地资源数据包括土地类型、土地面积、作物类型、单位价值和变形情况。

4　城镇尺度地质灾害风险评估

4.1　一般要求

4.1.1　明确评估的目标,采取实用、有效、科学的方法实现。

4.1.2　重点城镇的范围应综合考虑自然斜坡形态、流域地貌形态、用地规划、重要交通和人口聚集程度等因素综合确定,尽量避免直线分割。

4.1.3　根据《技术要求》的灾害调查方法和调查内容,完成重点区评估数据的获取工作。

4.2　评估流程

城镇尺度地质灾害风险评估工作流程如图4-1所示,主要包括4个层次:第一层次为地质灾害所在区域的地质环境分析、诱发因素分析以及历史灾害时空规律分析等;第二层次为地质灾害易发性评价;第三层次为地质灾害危险性评价;第四层次为承灾体易损性评价、风险评估与制图。

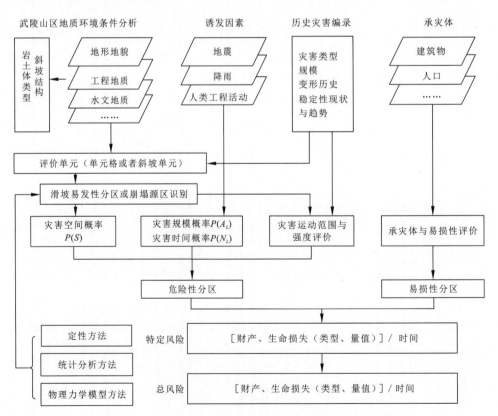

图4-1　武陵山区城镇尺度地质灾害风险评估技术流程图

4.3　评估单元

4.3.1　城镇重要区地质灾害风险评估比例尺为1∶10 000～1∶5 000,宜选用斜坡单元进行评估;在时间或其他条件不允许的情况下,可采用栅格单元。

4.3.2　斜坡单元划分方法。在GIS平台上,基于数字高程模型(DEM)提取山脊、沟谷线对工作区进行斜坡单元划分。

(1)获取地表曲率。利用Spatial Analyst Tools中的表面分析(Surface)工具下的Curvature命令分析DEM,即可得到曲率图。

(2)提取流向。利用Spatial Analyst Tools中的表面分析(Hydrology)工具下的Flow Direction命令,在曲率图上提取流向图。

(3)提取洼地。利用Spatial Analyst Tools中的水文分析(Hydrology)工具下的Sink命令分析流向图,即可得到洼地图。

(4)提取分水岭得到山脊线。利用Spatial Analyst Tools中的水文分析(Hydrology)工具下的Watershed命令,得到的分水岭回溯到DEM中即为山脊线。

(5)转换山脊线栅格数据为矢量数据,得到矢量化山脊线分布图。

(6)反转曲率图层,重复步骤(2)～(5)即可得到工作区内山谷线。

(7)形成斜坡单元图。合成山脊线和山谷线数据,得到工作区斜坡单元图。

4.4　地质灾害易发性评价

4.4.1　一般要求

城镇重要区易发性评价包括工作地质环境条件分析、地质灾害成因规律分析、指标因子的选取与评价体系的建立、评价模型构建、评价精度分析和易发性制图等内容。

4.4.2　数据要求

武陵山区地质灾害易发性评估数据包括地质灾害编录数据和地质环境条件数据两大类。

4.4.3　地质灾害成因分析

4.4.3.1　武陵山区城镇地质灾害的主要特点:①以土质滑坡、中小型规模为主;②滑坡一般多在一个暴雨过程中完成蠕动—滑动—恢复稳定过程;③具有砂泥岩软弱夹层的地层是易滑地层,少数岩质滑坡多为顺层发育;④暴雨诱发滑坡和崩塌具有普遍性,大部分滑坡和崩塌发生在每年雨季的暴雨中;⑤人为因素常与自然因素结合引发滑坡和崩塌,往往是先因人类工程活动破坏了边坡原有的稳定环境,后在暴雨的叠加作用下引发,公路、铁路两侧最为突出。

4.4.3.2　评价指标体系的建立与因子提取。易发性评价的因子依灾害成因、评价方法和数据的完备性有所差异。武陵山区地质灾害主要以浅层土质滑坡(风化层型)、基岩顺层滑坡(软弱夹层控制型)、崩塌(节理裂隙控制型)灾害为主,评价因子依不同类型确定,详见表4-1、表4-2。

表 4 - 1　武陵山区城镇尺度斜坡灾害易发性评价因子确定依据表

易发性评价方法	评价因子		
	滑坡灾害、地形与地貌、水文地质与工程地质条件	岩土体类型与覆盖层厚度	地下水和岩土体工程物理力学数据
定性	√	/	/
统计	√	√	/
定量	√	√	√

表 4 - 2　确定性模型评价武陵山区城镇尺度滑坡灾害易发性的具体指标表

评价因子	武陵山区主要地质灾害类型		
	浅层土质滑坡（风化层型）	基岩顺层滑坡（软弱夹层控制型）	崩塌（节理裂隙控制型）
地质灾害	能区别源区的灾害分布	能区别源区的灾害分布	能区别源区的灾害分布
地形地貌	坡度、坡向、坡形、曲率、坡高	坡度、坡向、坡形、曲率、高程、坡高	坡度、坡向、坡形、坡高
工程地质	风化层分布与厚度	岩性特征、地层产状、软弱夹层空间分布与产状	岩性特征、地层产状、结构面产状和发育规律
水文地质	地下水埋深	地下水埋深	地下水埋深
岩土体物理力学性质	土体物理力学参数	软弱夹层物理力学参数	岩体强度指标

（1）地形地貌指标提取。基于工作区的数字高程模型（DEM），利用 GIS 表面分析工具和地图代数工具提取出地表高程、地形坡度、地表坡向、斜坡形态等要素。

（2）坡体结构类型划分。对于岩质崩塌或滑坡需要考虑不同坡体结构对灾害发育程度的影响。坡体结构类型可通过野外调查直接判断，也可通过分析斜坡空间形态和地层产状的组合关系确定，具体确定方式见附录 A。

（3）岩土体物理力学参数的空间分布。当采用确定性模型进行武陵山区重点城镇尺度地质灾害易发性评估时，需要获取满足一定空间分布要求的岩土体物理力学参数值。在图幅调查成果的基础上，根据工作区内岩土体的物理力学性质的相似性对未勘察区进行参数赋值，以保证各评价单元均满足数据要求。

（4）水系分布。武陵山区重点城镇多沿水系分布。若工作区地质灾害发育受河流冲蚀和浸泡影响，则需考虑该因素作用；但若河道已有岸坡治理工程时，需考虑调整该因素的影响。

（5）人类工程活动。武陵山区重点城镇人类聚集区交通线路工程密集，切坡建房等现象普遍。若工作区地质灾害受建房和交通路线工程切坡、堆载、爆破等影响，则需考虑该因素作用，且需根据边坡治理情况调整易发性评价结论。

（6）植被类型和覆盖率。植被发育状况对工作区滑坡发育有较大的影响，可通过遥感影像数据解译植被类型及其覆盖率作为评价指标。

4.4.4 评价指标的预处理

用于城镇尺度地质灾害易发性评价的指标数据有三种类型:连续型、离散型和矢量型。必要时,需将三种类型数据统一预处理为分类变量。

4.4.4.1 连续型变量预处理。部分因素在工作区内以连续型变量的方式呈现,如坡度、坡向、高程、曲率等。建议将此类变量重分类为离散型分类变量,如高程可采用自然断点、累计面积突变等方法重分类;坡度分级可按照缓坡(0°~15°)、中缓坡(15°~25°)、中等坡(25°~45°)和陡坡(>45°)分类;坡向分类按照地理属性分为平地、北、东北、东、东南、南、西南、西、西北等;坡面形态可根据平面曲率和剖面曲率的组合关系分类(附录 A)。

4.4.4.2 离散型分类变量预处理。坡体结构、工程地质岩性等离散型分类变量可直接用于评估。

4.4.4.3 线状矢量数据预处理。部分因素以线状矢量形式表示,如水系、交通线路、地质构造等。此类数据可依据水系的流量、交通线路类型、地质构造规模等性质,对矢量数据确定合适的影响范围,进而加入到评价体系中。

4.4.4.4 评价因子的独立性检验。为避免因子间因空间相关性、共线性等而导致模型计算误差,需通过相关性分析检验因子的独立性,实现因子的筛选。地质灾害易发性评价因子相关性分析方法见附录 B。

4.4.5 评价方法

4.4.5.1 易发性评价宜采用定性与定量相结合的方式进行。根据使用需求,可将易发性结论划分为五个级别。

4.4.5.2 定性方法可以是专家经验法、层次分析法;半定量方法可以是信息量法、证据权法等;定量评价方法可以是确定性物理模型分析法,如 TRIGRS 模型、Scoops 3D 模型、SINMAP 模型等。方法汇总如表 4-3 所示,典型方法的具体分析过程见附录 C。

表 4-3 城镇尺度地质灾害易发性评价方法汇总表

定性方法	半定量方法	定量方法
专家打分法、模糊综合评判法……	二元统计模型:信息量法、证据权法、频率比法……; 多元统计模型:逻辑回归模型、判别分析模型、聚类分析模型……; 人工智能模型	静态力学模型:无限斜坡模型(如 TRIGRS 模型)、3D 极限平衡方法; 动态力学模型:考虑降雨的斜坡水文模型、考虑地震加速度的模型

4.4.6 评价结果表达与可靠性分析

4.4.6.1 地质灾害的易发性评价结果分为五级:极高、高、中等、低和极低。

4.4.6.2 易发性分区结果以图和表的形式综合表达。易发性分区图的编制要求见本指南"6 地质灾害风险制图"部分。数据表格的格式可参考表 4-4。

表 4-4　城镇地质灾害易发性等级数据表

易发性等级	极高	高	中等	低	极低
面积					
面积占比					
历史灾害面积					
主要分布区域					

4.4.6.3　为了验证评价结论的准确性,需要采用现场调查验证、历史灾害统计验证和受试者特征曲线(Receiver Operating Characteristic Curve,ROC 曲线)等验证方法进行分析。

(1)现场调查验证方法。历史灾害或潜在不稳定斜坡落入现场判断的高易发区的数量或面积越大,评价结果越准确。

(2)历史灾害统计验证方法。分别统计各易发性分区面积以及各等级分区中已发生灾害的面积与占比,高易发区内已发生灾害的占比越大则表明评价精度越高;反之,若低易发区内的已发生灾害占比越大,则评价精度越低。计算公式如下:

$$A = \frac{S_{高} + S_{极高}}{S} \qquad\qquad (4-1)$$

式中:A 为预测精度;$S_{高}$ 为历史灾害分布图与易发性分区图中易发性等级为高的重合区域面积;$S_{极高}$ 为历史灾害分布图与易发性分区图中易发性等级为极高的重合区域面积;S 为历史灾害总面积。

(3)ROC 曲线是以预测结果的每一个值作为可能的判断阈值,由此计算得到相应的灵敏度和特异度,以假阳性率即(1-特异度)为横坐标,以真阳性率即灵敏度为纵坐标绘制而成。ROC 曲线的线下面积为 AUC(Area Under Curve)值,取值范围为[0.5,1],值越大表示评价精度越高。ROC 曲线绘制过程见附录 D。

4.4.6.4　预测误差原因分析与纠正。若易发性评估的准确度过低或图内局部地区出现预测结论与实际灾害发生情况严重矛盾时,需要进一步分析原因并予以纠正。

4.4.7　合理使用易发性评价结论

4.4.7.1　易发性评价的结论只在工作区地质灾害和成因不变的条件下使用,若后期因人类工程活动或其他因素导致地形、用地类型、切坡程度、地质灾害分布数量或类型改变时,则需要重新进行易发性评价。

4.4.7.2　易发性评价图件与相应结论,用于辅助确定工作区内灾害可能发生的空间位置,而不能反映灾害发生的规模、频率、危害性等。因而该结论可用于工程选址或选线规划参考,若使用者认为该结论尚且不能满足工程或灾害防控工作需要,则需要进一步开展地质灾害危险性、易损性与风险评估等工作。

4.5　地质灾害危险性评价

4.5.1　一般要求

采用定量为主、定性为辅的方式,实现城镇尺度地质灾害危险性逐坡评价。评价结论应包含灾害发生的概率、规模或强度、影响范围等,以实现城镇斜坡地质灾害危险性的分级分区。

4.5.2 数据要求

武陵山区地质灾害危险性评价数据包括地质灾害编录数据、地质环境条件数据、外部诱因条件数据三大类。

4.5.3 城镇尺度地质灾害发生概率分析

4.5.3.1 定性分析方法(Concept Model)

概率可以是来自于易发性或者叠加某时间段内灾害发生次数的均值概率,鉴于太长的重现期具有太多的不确定性,可考虑将重现期限定在土地使用周期内。

4.5.3.2 统计分析方法(Statistical Model)

(1)根据历史灾害数据库分析灾害发生的规模概率 $P(A_L)$。滑坡灾害的规模可以用厚度、面积、体积等参数表达,通过统计工作区内历史灾害规模与频率关系实现。常用的统计模型包括:Pareto 概率模型、双 Pareto 概率模型、反伽马函数概率模型、非累计幂函数模型等。其中,反伽马函数概率模型的表达如式(4-2)和式(4-3)所示:

$$P(A_L;\rho,a,s) = \frac{1}{N_{LT}}\frac{\delta N_L}{\delta A_L} = \frac{1}{a\Gamma(\rho)}\left[\frac{a}{A_L - s}\right]^{\rho+1}\exp\left[-\frac{a}{A_L - s}\right] \tag{4-2}$$

$$f(A_L) = \frac{\delta N_L}{\delta A_L} = N_{LT}P(A_L;\rho,a,s) \tag{4-3}$$

式中:$P(A_L;\rho,a,s)$ 为滑坡发生频率密度-规模概率密度分布函数;$f(A_L)$ 为滑坡发生频率密度-规模频率密度分布函数;A_L 为单个灾害的发育规模(km²);N_{LT} 为滑坡编录资料中总灾害数量(个);$\delta N_L/\delta A_L$ 为在一定规模区间分布的灾害数量(km⁻²),在对数坐标中取相等区间间隔;$\Gamma(\rho)$ 为 ρ 的伽马函数;ρ、a、s 分别为拟合参数,其中 ρ 控制中等、大规模灾害频率密度-规模概率密度分布曲线的幂指数分布,a 控制灾害频率密度-规模概率密度分布曲线中灾害最大频率密度发生所对应的发育规模,s 控制小规模灾害频率密度-规模概率密度分布曲线的翻转。

非累计幂函数模型如式(4-4)所示:

$$-\frac{dN_{CL}}{dA_L} = C'A_L^{-\beta} \tag{4-4}$$

式中:等式左边为滑坡面积间隔区间内滑坡的分布数量,等式右边 C' 和 β 为拟合参数。

(2)根据历史灾害数据库分析灾害发生的时间概率 $P(N_L)$。通过整理、统计工作区地质灾害数据库中历史灾害发生频次和发生时间,求解灾害发生的时间概率。基于历史灾害发生的时间服从泊松分布的假设,计算工作区各评价单元在某重现期 t(如 5 年、10 年、50 年、100 年)内至少发生一次灾害的概率为:

$$P(N_L) = 1 - e^{-\frac{t}{RI}}, RI = \frac{T}{N} \tag{4-5}$$

式中:RI 为时间 T 内发生灾害的平均重现间隔;T 为评价单元内历史灾害发生的时间跨度;N 为评价单元内历史灾害的发生次数。

(3)根据降雨极值分析灾害发生的时间概率 $P(N_L)$。武陵山区灾害诱因主要为降雨和人类工程活动。前者易通过气象数据的统计方法实现,后者因人为因素的无规律性而较难获得其形成概率。对于降雨诱因,可采用 Gumbel 分布模型,求解特定降雨极值条件下(如 5 年、10 年、50 年、100 年一遇暴雨条件下)灾害发生的年超越概率。Gumbel 分布模型见附录 E。

(4)地质灾害发生概率的综合分析。根据滑坡灾害危险性的定义,灾害发生的概率由空间概率、时间概率和规模概率联合构成。当数据条件合适时,应实现各评价单元内综合概率的求解,以此回答工作区在未来一段时间、各评价单元内发生规模超过一定量值的地质灾害可能性大小。其计算公式为:

$$H_L = P(A_L) \times P(N_L) \times P(S) \tag{4-6}$$

式中:H_L 为地质灾害的危险性概率;$P(A_L)$ 为灾害发生规模超过 A_L 的概率;$P(N_L)$ 为灾害发生的时间概率;$P(S)$ 为灾害发生的空间概率,来自灾害易发性评价结论。

4.5.3.3　确定性模型方法(Deterministic Model)

综合采用斜坡稳定性分析原理和 GIS 数值模拟方法(如 TRIGRS 模型见附录 C3.1),融合概率计算方法求解灾害的发生概率。可以采用的概率计算方法有:一次二阶矩法(First-order Second Moment Method,FOSM)、点估法(Point Estimation Method)和蒙特卡洛法(Monte Carlo Simulation)等。在计算的过程中,考虑降雨、岩土体参数的不确定性,实现灾害危险性的动态评价。

4.5.4　地质灾害运动范围评估

4.5.4.1　基本要求

应根据斜坡可能的失稳模式,利用工程地质类比法、几何方法、动力学模拟方法或统计分析方法确定灾害体运移路径、掩埋范围以及灾害体向斜坡上部、侧向扩展的范围。根据沟谷的流通路径、开阔程度、深度、阻塞系数等确定泥石流的掩埋范围及可能的深度等。野外调查评估认定为慢速滑坡或运动影响范围在图上距离低于 1mm 的斜坡体,不建议实施灾害运动范围计算。运动范围评估结论可用作灾害强度指标,也可用于后续受威胁对象的确定。

4.5.4.2　借用经验公式估算灾害的影响范围

可通过灾害历史资料、文献资料等的统计分析,得到表征工作区滑坡或崩塌基本特征(如坡高、坡度、规模等)与灾害运动距离关系的经验公式,由此求解潜在斜坡失稳后的运动影响范围。常见的经验公式见表4-5。

表 4 - 5　滑坡或崩塌灾害运动距离关系经验公式

文献	经验公式
Ikeya(1981)	$D = 8.6\,(V\tan\theta)^{0.42}$
Lorente(2003)	$D = 7.13\,(VH)^{0.271}$
Rickenmann(1994)	$D = 25V^{0.3}$
Rickenmann(1999)	$D = 30\,(VH)^{0.25}$
Scheiderger(1973)	$\lg(H/D) = -0.156\,66\,\lg(V) + 0.624\,19$
Takahashi(1994)	$H/D = \tan\alpha = 0.2$
Vandre(1985)	$D = aH$

注:表中 D 为运动距离(从物源边界到岩土体物质开始堆积的位置);V 为灾害体积;H 为高差;θ 为斜坡的平均坡度;α 为到达角;a 为经验系数,在表示第一次滑移距离时取 0.4。

需要注意的是,经验公式法可操作性强,但是只能作滑坡影响范围的简单预测,且受地质环境差异影响,有时预测结果与实际情况不能较好吻合。

4.5.4.3　采用数值方法模拟计算灾害的运动范围

用于区域地质灾害运动范围评估的数值模拟方法有 Flow - R、MassMov 等。数值模拟方法主要依赖于模型参数。因此,充分考虑灾害动力学特点的模型参数是决定数值模拟成果可靠性的关键。

4.5.5 地质灾害强度评价

4.5.5.1 除灾害发生的概率、规模和影响范围外,还应补充地质灾害的其他强度信息,由此全面、真实地反映灾害的危险性特征。地质灾害发生强度因灾害的运动机制不同而不同。对于慢速滑坡,应考虑滑坡地表变形量;对于武陵山区快速运动的崩塌或浅层土质滑坡,应考虑灾害的运动速度或动能。灾害强度结论用于后续承灾体易损性的定量评价。

4.5.5.2 地质灾害的动力学强度结论因降雨输入的强度大小、灾害斜坡体的几何形态、运动影响范围内地形、植被或地物的空间分布等发生变化。在使用强度结论时要注意其评价的时间段,若不满足需要,要注意修正并调整评估结论。

4.5.5.3 地质灾害的综合强度可通过联合灾害影响范围(面积)、体积(规模)、运动速度或动能等参数,通过构建强度矩阵实现斜坡灾害强度的等级划分。

4.5.6 地质灾害危险性评价

4.5.6.1 综合地质灾害危险性概率和强度评价结论,实现区域地质灾害危险性评价。

4.5.6.2 以斜坡灾害危险性区划为目标的评估,可通过构建发生概率与强度矩阵,实现斜坡危险性等级划分,如图 4-2 所示。

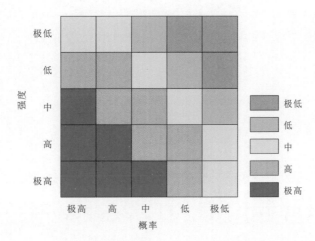

图 4-2 用于确定危险性等级的灾害强度与概率矩阵示意图

4.5.6.3 根据地质灾害危险性等级矩阵编制地质灾害危险性分区图,并对分区成果的有效性和局限性进行描述。

4.5.7 合理使用危险性评价结论

4.5.7.1 若仅限于地质灾害发生概率进行评价,其危险性评价结论提供的是在特定工况或特定时间段内,灾害以某种强度或规模发生的可能性大小,可用于后续风险的定量计算,但没有体现灾害体以外的运动范围或其他强度(速度、动能、冲击力等)特点。

4.5.7.2 危险性评价的结论是针对工作区已有调查成果展开的评价,若后期因人类工程活动或其他因素导致灾害易发性结论变化时,则需要重新进行危险性评价。

4.5.7.3 综合考虑灾害发生概率和强度的危险性评价工作,其图件与相应结论可用于辅助确定工作区内灾害可能发生的空间位置与概率、灾害发生的规模、影响范围等。若使用者认为该结论已能满足工程或灾害防控工作的需要,则可不开展后续风险评估工作;若需要确定规划期工作区减灾防灾经费投入或需要进行特定区段用地开发评估,则需要进行后续风险评估工作。

4.6 承灾体易损性评价

4.6.1 一般要求

城镇尺度的地质灾害易损性评价工作,宜采用定性为主、定量为辅的方式。评估结论以 GIS 制图的方式表达,显示地质灾害在不同的工况条件下各类承灾体易损性的空间分布。

4.6.2 数据要求

4.6.2.1 定量评价城镇地质灾害易损性,需要的数据包括承灾体数据(见 3.5 条)和地质灾害运动范围与强度评估结论(见 4.5 条)。

4.6.2.2 通过叠加地质灾害的影响范围和人文经济图层数据,确定具体的承灾体对象及其涉及的类型。分别从直接风险和间接风险效应角度出发,将承灾体划分为物理承灾体(如建筑物、生命线工程、交通等)、社会承灾体(如人口、社会影响)、环境承灾体(如因灾害链导致的环境污染)和土地资源承灾体(如经济作物)四类。

4.6.2.3 采用 GIS 制图方式分类或分图层表达承灾体的空间分布和对应的属性。对于有特殊需求的承灾体类型或后续风险评估为特定对象服务时,需要制作专题图,如生命线工程专题图、交通路线专题图、建筑物专题图等。

4.6.3 评价方法

4.6.3.1 与承灾体类型对应,承灾体的易损性分为物理易损性、社会易损性、环境易损性和土地资源易损性四类。

4.6.3.2 可采用两种形式表达承灾体的易损性:定性的等级、定量化的易损性曲线或脆弱性曲线。

4.6.3.3 城镇尺度建筑物易损性评价方法如下。

(1)根据历史灾情进行统计分析。城镇尺度地质灾害建筑物易损性可以用历史地质灾害建筑物直接经济损失与 GDP 的比值(统计平均)作为宏观建筑物经济易损性。

(2)当历史灾情数据不完备时,可考虑根据滑坡强度和建筑物属性定性分析。位于滑体上的建筑物,其易损性为 1.0;位于滑程影响范围内的建筑物,其易损性由建筑物相对滑坡的空间位置和建筑物结构属性综合确定,建议参考表 4-6 取值。若能构建建筑物破坏损失度与滑坡其他强度参数的关系,也可用于城镇尺度易损性评价。

表 4-6 滑坡灾害影响范围分区与建筑物易损性建议值表

建筑物相对滑坡的空间位置	建筑物结构类型			
	钢结构	钢筋混凝土结构	砖结构	简易结构
滑体上	1.0	1.0	1.0	1.0
从剪出口到 1/3 滑程范围内	0.5	0.7	0.9	1.0
1/3~2/3 滑程范围内	0.3	0.5	0.7	0.9
2/3 滑程到最远滑程	0.1	0.2	0.3	0.4

（3）根据工作区典型灾情案例，通过数值模拟方法建立建筑物破坏损失度与滑坡强度（如滑体物质冲击速度或冲击力、滑体厚度等）的对应关系，用于工作区城镇建筑物易损性评价。

4.6.3.4　城镇尺度人口易损性评价方法如下。

（1）城镇尺度地质灾害人口易损性可以用历史人口伤亡总数与工作区人口总数的比值（统计平均）确定。

（2）当历史灾情数据不完备时，可考虑采用定性的评价方式，考虑工作区内人口密度、人口年龄结构、政府对工作区地质灾害防治工作的重视程度（如群测群防的工作覆盖度、汛期地质灾害早期预警工作的完善与执行力度、地质灾害应急防范处置制度等），通过层次分析法、专家经验法等构建评价公式。

（3）根据建筑物易损性间接推导室内人口易损性。通过构建人口与建筑物易损性函数关系，确定不同结构类型的建筑物发生不同程度破坏后的人口易损性，可参考公式（4-7）：

$$V_p = 0.001 \cdot \exp(\alpha \cdot V_s) \tag{4-7}$$

式中：V_p 为人口易损性；V_s 为建筑物易损性；α 为系数，其取值如表 4-7 所示。

表 4-7　系数 α 取值表

结构类型	砌体结构	钢混结构	钢结构	框架剪力墙结构	木结构
当 $V_s=1$	0.45	0.40	0.36	0.31	0.24
当 $V_s<1$	6.1	6	5.9	5.75	5.5

4.6.4　合理使用易损性评价结论

4.6.4.1　易损性评价是基于地质灾害危险性评价结论而开展的，因而也具备对应的评价工况或评价重现期；同时，若工作区地质灾害危险性评价结论发生变化，则承灾体易损性也应作出相应调整。

4.6.4.2　易损性评价的对象是承灾体，若工作区内承灾对象发生变化，则易损性评价结论也应作出相应调整。

4.6.4.3　该指南适用于分析静态人员的易损性，对于人员流动性大的区域则需要进一步考虑不同时段人员变化，从而得到其易损性。

4.6.4.4　对于位于滑坡体上的建筑物，本指南均认为建筑物易损性为1.0。若采用建筑物易损性间接推导得出室内人口的易损性，其易损性结论会倾向于保守。

4.6.4.5　因经济和人口数据的不确定性大，易损性评价结论也相应存在较大的不确定性，评估人员应尽量保障数据的可靠性和准确性，并充分说明承灾体数据的来源与可靠性。

4.7　地质灾害风险评估

4.7.1　一般要求

风险评估分为风险分析和风险评价两个阶段。风险分析包括灾害易发性评价、危险性评价、承灾体分析、易损性评价和风险计算等；风险评价是用风险分析结果与容许风险标准对比，以判断风险的可接受程度或现有风险控制措施的可行性。

4.7.2　风险分析

4.7.2.1　地质灾害风险分析是在危险性评价的基础上进行的。通过叠加地质灾害易发性、危险性、易损性和承灾体数量(如人口数量)或经济价值(可货币化的承灾体)评价成果,计算分析各评价单元的风险。

4.7.2.2 地质灾害风险为灾害危险性(Hazard)、易损性(Vulnerability)与承灾体(Elements at Risk)三者的乘积。在地质灾害易发性、危险性、承灾体易损性评价以及承灾体数量或经济价值分析等成果的基础上,利用下述公式计算地质灾害风险:

$$R = H \times V \times E \qquad (4-8)$$

式中:R 为地质灾害经济风险或人口风险;H 为特定地区范围内某种潜在灾害在一定时间以某种强度发生的概率,采用本指南 4.5.3 条中的分析结论;V 为承灾体易损性值,可用 0～1 表示,采用本指南 4.6 条中的评价结论;E 为受灾害威胁的对象,包括人口、经济等采用本指南 4.6 条中的结论。

4.7.2.3 城镇尺度地质灾害风险分为极高风险、高风险、中等风险、低风险和极低风险 5 个级别。

4.7.3 风险评价

4.7.3.1 确定工作区地质灾害的风险接受准则,进行地质灾害人员伤亡和经济风险评价。

4.7.3.2 结合工作区地方法律法规、经济发展水平和社会可用于地质灾害防灾减灾的资源,从人口、经济环境等方面制定风险接受准则,将风险分析成果与之对比完成风险评价。

4.7.3.3 确定风险接受准则的方法主要有 ALARP 原则(As Low As Reasonably Practice)、风险矩阵法、F-N 曲线法、经济优化法、社会效益优化法等。

4.7.3.4 根据工作区地质灾害风险接受准则,对地质灾害风险水平进行进一步划分,并对各级风险水平进行风险描述,如表 4-8 所示。

4.7.3.5 风险评估结论应描述风险分区的可靠性、有效性、时效性和不确定性,进行潜在误差分析,如滑坡调查编录、时间序列、相关因素细节变化、模型的不确定性、人类工程活动及气候变化的不确定性等。

表 4-8 风险水平的分类及含义表

风险水平	风险描述
极高	未处理的不可接受风险,需要开展进一步详细调查研究,通过规划和实施处置方案降低风险;或需要较高的代价或者根本不可行;所需的成本可能超出财产本身的价值
高	未处理的不可接受风险,需要通过详细调查、规划和实施处置方案降低风险;保护财产可能需要很高的成本
中等	在一定情况下或许可以忍受(监管部门批准),但是需要调查、规划和实施处置方案降低风险;选择处置方案降低风险,应该在可行范围内尽快实施
低	对于管理者来说通常是可接受的,需要通过处理使风险降低到可接受的水平,要求进行持续的维护
极低	风险是可接受的,需要通过正常的边坡维护管理

4.7.4 合理使用风险评估结论

4.7.4.1 地质灾害风险评估结论可用于地方部门防灾法制或政策中,也可用于地质灾害风险预警系统的建设中。

4.7.4.2　定量风险评估结论提供的是工作区多年平均的期望损失,可基于成本—效益分析而开展风险防控措施比选与决策。

4.7.4.3　在使用风险评估结论时,应注意前期易发性、危险性、易损性和承灾体分析的可靠性,在可接受的范围内使用成果。

4.7.4.4　若地质灾害易发性、危险性、承灾体及其易损性发生了重大变化,已有的风险评估结论也应作相应调整后再投入使用。

4.8　地质灾害风险防控措施建议

4.8.1　地质灾害风险评估成果,应从服务于政府地质灾害防灾减灾管理角度出发,形成地质灾害(隐患)防灾避险预案和应用性图件。根据风险评估结论,结合工作区防灾减灾工作的实际情况,分别对工作区内不同风险等级的斜坡制定风险防控措施。

4.8.2　风险防控措施主要包括工程治理、专业监测、群测群防和搬迁避让等方式。综合考虑灾害体实际所处的地理位置、地质条件和风险量化结论,可采用多种防控方法相结合的形式提出防控措施建议。

4.8.3　同时考虑地质灾害危险性和风险等级,构建风险防控措施矩阵,具体建议如表4-9所示。

4.8.4　根据城镇尺度地质灾害风险防控建议矩阵,编制工作区城镇尺度地质灾害风险防控措施建议布置图。受该尺度条件下工作区内各斜坡体地质条件和相应数据的精细度限制,可不进行具体的措施方案说明,但建议提供风险控制投入资金概算。

表 4-9　城镇尺度地质灾害风险防控建议矩阵

		风险等级				
		极高	高	中	低	较低
危险性等级	极高	工程治理或搬迁避让	工程治理或搬迁避让	工程治理或搬迁避让	专业监测	专业监测
	高	工程治理或搬迁避让	工程治理或搬迁避让	工程治理	工程治理	专业监测
	中	工程治理或搬迁避让	工程治理	工程治理	工程治理或专业监测	专业监测或群测群防
	低	工程治理或专业监测	工程治理或专业监测	专业监测	专业监测或群测群防	群测群防
	较低	工程治理或专业监测	专业监测或群测群防	群测群防	群测群防	群测群防

注:本矩阵以危险性等级和风险等级均为五级为例构建。

5　单体地质灾害风险评估

5.1　一般要求

5.1.1　根据地质灾害特征与灾害危害性,选择威胁城镇居民点、重要设施或有远程影响的地质灾害点作为重要地质灾害风险评估点。

5.1.2　单体地质灾害评估宜采用特大比例尺,根据地质灾害规模和资料详细程度至少选择1:2 000比例尺。

5.1.3　单体地质灾害风险评估内容包括(可能的)灾害类型、位置、历史滑动时间(如果已知的话)、规模、灾害失稳的可能性或频率、可能失稳的模式、滑移速度与滑距、运移路径或轨迹、影响范围、影响范围内承灾体及其易损性灾害可能造成的风险等。

5.1.4　根据比例尺对应的精度要求采用点、线、面文件表征地质灾害并说明其相关要素,确定单体地质灾害(隐患)点稳定性程度、危险性等级以及风险等级,说明确定方法与可靠程度,对地质灾害平面图和剖面图的局限性、有效性进行必要的描述。

5.1.5　对于地质条件复杂的沟谷或斜坡带,应进行多灾种风险评估;对处于库岸边的地质灾害,还应考虑次生灾害链风险。

5.2　评估流程

单体地质灾害风险评估流程见图5-1,主要内容包括:①风险评估基础数据的准备;②地质灾害危险性评价,主要涉及灾害体特征、危险性识别、灾害诱发强度分析、稳定性评价、灾害体破坏概率分析、灾害体滑动距离与作用强度评价等内容;③易损性评价;④地质灾害风险评价;⑤地质灾害风险防控措施建议。

5.3　地质灾害稳定性评价

5.3.1　一般要求

5.3.1.1　武陵山区滑坡稳定性评价应根据滑坡物质组成、滑面特征和滑坡变形破坏模式选择合适的方法。滑坡稳定性评价采用定性判断与定量计算相结合的方式进行。

5.3.1.2　崩塌稳定性评价的对象应包括陡崖、危岩和既有崩塌堆积体。陡崖稳定性应采用定性和半定量评价方法,危岩和崩塌堆积体稳定性应同时进行定性评价与定量评价。

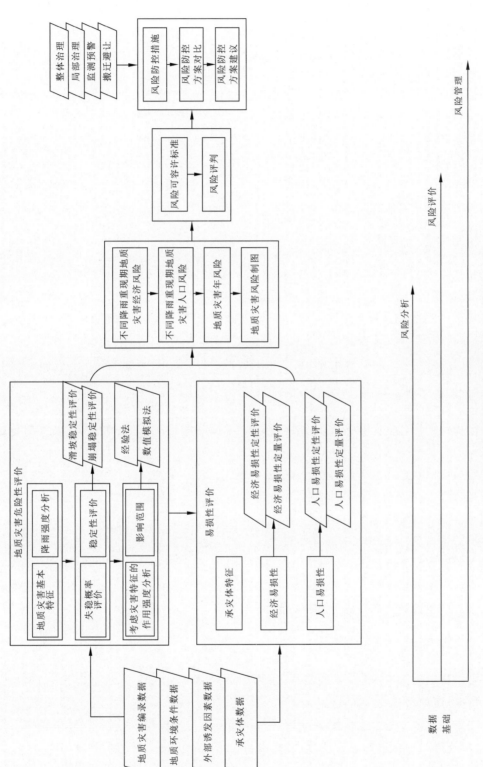

图 5 - 1　武陵山区单体地质灾害风险评估流程图

5.3.2　数据要求

5.3.2.1　武陵山区滑坡稳定性评价数据主要包括地质灾害编录数据、地质环境条件数据、外部诱因条件数据三大类。

5.3.2.2　滑坡灾害编录数据：主要是灾害体平剖面图、滑体厚度、滑坡体积、滑体结构与物质组成、滑带特征、岩土体参数、斜坡结构、稳定状态和变形特征等数据。

5.3.2.3　崩塌灾害编录数据：主要是灾害体平剖面图、危岩几何特征、危岩体积、坡体结构、滑面或软弱结构面特征、后缘裂隙及充水情况、岩土体参数、稳定状态、变形特征等数据。

5.3.2.4　地质环境条件数据：对于崩塌或岩质滑坡，重点获取岩体特征数据；对于土质滑坡，重点获取滑体的工程和水文性质数据。

5.3.2.5　对于降雨型滑坡，需要获取工作区至少 30 年的降雨资料；对于人类工程活动诱发的滑坡，需要获取人类工程活动具体属性信息。

5.3.3　滑坡稳定性评价方法

5.3.3.1　定性评价方法：采用自然历史分析法、工程地质类比法和图解法等。

5.3.3.2　定量评价方法：① 对于滑动面为折线型的土质滑坡，采用摩根斯坦－普瑞斯法（Morgenstern－price 法）或剩余推力法评价滑坡的稳定性；对于滑动面为圆弧型的土质滑坡，采用毕肖普法进行滑坡稳定性评价；②对于滑动面为折线型的岩质滑坡，采用摩根斯坦－普瑞斯法（Morgenstern－price 法）评价滑坡的稳定性；对于单一滑动面的岩质滑坡，采用二维块体极限平衡法进行稳定性评价。

5.3.4　崩塌稳定性评价方法

5.3.4.1　陡崖稳定性可根据陡崖形态、结构面组合、岩体结构特征、变形特征等进行地质类比和赤平投影分析。

5.3.4.2　危岩稳定状态应根据定性分析和定量计算结果综合判定，以定性为主、定量为辅。

（1）定性评价方法：应根据危岩范围、规模、地质条件、可能的破坏模式及变形特征，采用地质类比法作出定性判断。

（2）定量评价方法：应根据危岩可能破坏的模式（滑移式、坠落式、倾倒式）进行选择，稳定性计算方法可参考《崩塌防治工程勘查规范（试行）》（T/CAGHP 011—2018）附录 E。

5.3.4.3　既有崩塌堆积体稳定性应考虑上方危岩崩塌的冲击和加载作用，稳定性评价应根据相关规范进行，分析在暴雨条件下转换为泥石流的可能性。

5.3.5　滑坡地下水确定

5.3.5.1　滑坡稳定性计算的前提是确定不同降雨工况下滑坡地下水浸润线。滑坡初始水位可根据钻孔观测资料和渗流场反分析综合确定。

5.3.5.2　对于降雨诱发型土质滑坡，稳定性评价中需耦合水文模型，计算不同降雨条件下滑坡体内的地下水位。需考虑的参数包括斜坡坡度、滑面深度、土体厚度、滑带土抗剪强度、地下水位等。其中，当滑床为基岩或滑床渗透系数小于或等于 1×10^{-7} m/s 时，可将滑床视为不透水层；应结合现场试验与参数反演的结果确定滑体渗透系数。

5.3.5.3　对于岩体完整或较完整、滑面缓倾、后缘有裂隙的岩质滑坡，应考虑降雨入渗在后缘裂隙形成的静水压力以及在滑面处形成的扬压力。岩质边坡后缘裂隙水头的高度可根据监测数据、当地经验或数值模拟分析来确定。

5.3.5.4　对于武陵山区降雨型滑坡,需明确滑坡发生与降雨历时、雨型和雨强的关系。可采用极值分布(如 Gumbel 分布)模型计算不同降雨重现期($T=10$ 年、20 年、50 年)的降雨量,将其作为滑坡渗流场模拟的输入参量。

5.3.5.5　采用有限元法或有限差分法模拟不同降雨工况下滑坡地下水的变动情况,确定不同降雨条件下滑坡地下水位。

5.3.6　崩塌裂隙水压力确定

5.3.6.1　考虑降雨对危岩稳定性的影响时,应计算降雨工况下裂隙水压力,裂隙水压力按裂隙蓄水能力和降雨情况确定。

5.3.6.2　对于滑移式危岩和倾倒式危岩应分别考虑现状裂隙水压力、枯季裂隙水压力和暴雨时裂隙水压力。

5.3.6.3　崩塌稳定性评价中需考虑暴雨时崩塌后部陡倾裂隙静水压力和下部缓倾软弱结构面的扬压力。

5.3.6.4　裂隙水压力应根据裂隙的充水高度确定,现状裂隙充水高度应根据现场调查资料确定;暴雨条件下裂隙水压力应根据汇水面积、裂缝蓄水能力和降雨情况综合确定;当裂隙汇水面积和蓄水能力较大时,裂隙充水高度可取裂隙深度的 $1/3\sim1/2$。

5.4　地质灾害失稳概率评价

5.4.1　数据要求

除本指南 5.3.2 条中要求的数据外,需要滑坡失稳概率评价中采用滑带土抗剪强度参数中的方差与均值作为滑坡破坏概率分析的主要参数。崩塌失稳概率评价中的随机变量可选取结构面抗剪强度参数。

5.4.2　评价方法

滑坡或崩塌失稳概率被假定为稳定性系数小于 1 的概率,可通过稳定性评价、数值模拟、可靠度分析等方法确定。常用的可靠度分析方法有一次二阶矩法、点估计法和蒙特卡洛法,这些方法能考虑滑坡或崩塌稳定性计算中所需参数的不确定性。

5.5　地质灾害运动范围与作用强度分析

5.5.1　一般要求

5.5.1.1　地质灾害规模、破坏机制、潜在威胁范围内的地形是确定地质灾害运动范围和作用强度的主要指标。

5.5.1.2　地质灾害的作用强度概念与本指南 4.5.5 条中所述一致。地质灾害作用强度不是一个恒定量,是沿运动轨迹不断变化的参量,需要采用动力学模型计算或者现场实际量测获取。

5.5.2 数据要求

5.5.2.1 除本指南 5.4.1 条中要求的数据外,灾害体运动过程模拟还需要岩土体的弹性模量、动摩擦系数、泊松比和湍流系数等其他参数。

5.5.2.2 需要工作区及周边地区地质灾害的调查数据,主要包括航片或卫片、历史灾害滑移距离和范围、地质环境条件数据等。

5.5.3 地质灾害运动范围评价方法

5.5.3.1 滑坡灾害运动距离的确定方法主要有地貌学方法、几何学方法、经验分析方法和数值模拟方法,具体参见指南 4.5.4 节。

5.5.3.2 崩塌评价应给出崩塌体运动途经区域和崩塌体运动可能影响的最大范围,崩塌影响范围常用的评价方法有试验法、经验法、理论计算法和数值模拟法。

(1)崩塌灾害影响范围应采用崩塌历史调查法和崩塌运动学分析法计算确定,必要时可采用现场落石试验法确定。

(2)采用 Rockfall 等数值分析软件模拟崩塌运动轨迹和崩塌体堆积特征,确定崩塌影响范围。

(3)在峡谷区,崩塌体影响距离预测应注重气垫浮托效应和折射回弹效应的可能性及由此造成的运动特征。

5.5.4 地质灾害作用强度分析方法

5.5.4.1 可采用有限体积法模拟分析滑坡运动与堆积过程,获取滑动过程中不同时刻滑坡体的扩散及堆积特征,计算滑动影响范围内不同部位的滑体堆积厚度和运动速率,制作滑坡运动过程模拟图;采用剖面分析方法展示灾害影响范围内不同部位的滑坡作用强度。

5.5.4.2 崩塌作用强度是评价危险性的重要内容,也是评价承灾体易损性的重要输入参数。

(1)主要考虑以下因素确定崩塌作用强度:崩塌体规模与形状、山坡坡形、高度、坡度、坡面物质组成及其表面起伏程度、覆盖层植被等。

(2)崩塌灾害强度的评价指标为冲击力和冲击速度、冲击能量等,本指南采用冲击力作为崩塌灾害强度的评价指标。

(3)危岩崩塌后的最大冲击力可参考《崩塌防治工程勘察规范(试行)》(T/CAGHP 011—2018)计算。

5.6 承灾体易损性评价

5.6.1 一般要求

在对地质灾害影响范围内的承灾体类型、数量、属性信息进行现场实际调研和室内统计分析的基础上,对承灾体易损性进行评价。

5.6.1.1 以经济损失为主的物理易损性评价应重点考虑:①灾害强度(如规模或速度);②建筑物和其他构筑物属性特点(结构类型、地基基础、成新度、维护状况)以及其相对滑坡的空间位置;③承灾体对灾害的防护程度;④灾害预报和预警系统的有效性、灾害应急水平等。

5.6.1.2 人员易损性评价应重点考虑:①灾害强度;②人口分布;③人口年龄;④居民对灾害的认识程度和风险防范意识;⑤政府对防范地质灾害的宣传力度、投入减灾防灾工作的人力和物力等;⑥地质灾害预警预报体系的完善程度。

5.6.1.3　要充分考虑地质灾害强度、承灾体抗灾能力,建立承灾体易损性定量评价模型。

5.6.2　数据要求

5.6.2.1　单体地质灾害易损性定量评价需要的数据主要为地质灾害作用强度和承灾体数据。

5.6.2.2　承灾体数据主要包括建筑物、人口、交通网络、生命线工程和土地资源等的详细数据,详细见本指南 3.5.3 条。

5.6.3　易损性评价方法

5.6.3.1　易损性评价方法的选择需要综合考虑地质灾害类型和承灾体特性,可采用定性方法和数据驱动方法。

5.6.3.2　定性方法采用描述性语言对承灾体易损程度进行分类,给定范围值或推荐值,这些建议值多来源于工程经验、专家判别以及已有灾害造成损失的统计分析。

5.6.3.3　数据驱动方法常将易损性看作是灾害体作用强度的函数,通过对地质灾害作用强度和损失调查数据建立易损性经验公式。

5.6.4　建筑物易损性评价

5.6.4.1　建筑物易损性取决于建筑物特性、地质灾害破坏机制、地质灾害规模与作用强度。

5.6.4.2　对于慢速滑坡,建筑物易损性主要受滑坡累计位移、位移的空间分布、滑坡地表裂缝性质差别的影响。同时,建筑物损伤程度还取决于建筑物的脆弱性。

5.6.4.3　综合考虑建筑物脆弱性和灾害作用强度,其易损性可采用下式计算:

$$V = I \times S \tag{5-1}$$

式中:V 为建筑物易损性;I 为灾害作用强度;S 为建筑物对灾害的脆弱性。

5.6.4.4　滑坡对滑程范围内建筑物的破坏形式主要有掩埋、冲击和基础侵蚀。

(1)主要考虑滑体厚度和最大冲击力分析滑坡对建筑物作用强度,可采用下列公式评价:

$$I = 1 - (1 - I_p)(1 - I_d) \tag{5-2}$$

式中:I 为滑坡对建筑物的作用强度;I_p 为滑坡冲击力强度指标;I_d 为运动滑体厚度指标。

(2)滑坡体对建筑物的冲击力与滑坡速度的平方和滑坡体密度成正比,计算方法如下:

$$I_p = \frac{1}{2}\rho \cdot v^2 \tag{5-3}$$

式中:ρ 为滑体密度;v 为滑速。

5.6.4.5　建筑物脆弱性是指在一定强度的地质灾害作用下,建筑物保护其自身完整性及功能性不受破坏的能力,可由如下公式确定:

$$S = 1 - \prod_{i=1}^{n_S}(1 - S_i) \tag{5-4}$$

式中:S 为建筑物脆弱性;S_i 为第 i 个建筑物脆弱性指标的计算值;n_S 为指标的个数。

评价指标主要考虑建筑物的结构类型、维护状况、使用年限及灾害作用力方向与建筑物轴向的夹角;对于崩塌灾害,可采用墙面的抗冲击性能反映房屋建筑的抗灾性能。

5.6.5　人口易损性评价

5.6.5.1　人口易损性评价对于崩塌或快速滑坡风险评价至关重要,但对于慢速滑坡风险评价则影响较小。

5.6.5.2　由于人口易损性存在大量不确定性和复杂性,常采用定性方法确定。

5.6.5.3　定性分析方法主要考虑人口密度、人口年龄结构、居民对滑坡风险的防范意识以及政府对该区域滑坡防治工作重视程度等方面内容。

5.6.5.4　室内人口易损性评价时,可根据建筑物的结构类型判断人口的伤亡程度,其易损性计算方法可参考本指南 4.6.3 条。

5.6.5.5　可通过构建人口与建筑物易损性函数关系,确定不同结构类型的建筑物倒塌后的人员易损性。

5.6.5.6　根据灾害体作用强度的差异性对地质灾害影响范围进行作用强度分区,对不同强度区内建筑物易损性进行差异分析,并确定滑坡不同影响区内室内人员易损性。

5.7　地质灾害风险评估

5.7.1　一般要求

5.7.1.1　武陵山区单体地质灾害风险主要包括经济风险与人员伤亡风险,可以某种条件下地质灾害总风险形式表达,也可以表达为地质灾害年均风险。

5.7.1.2　人口伤亡风险通常用个人生命风险和社会风险来衡量。

5.7.1.3　个人生命风险以地质灾害造成个体年伤亡概率来表达。

5.7.1.4　社会风险是普遍风险,通常用频率与伤亡人数 ($f-N$) 或累积频率与伤亡人数 ($F-N$) 曲线图表征。

5.7.2　地质灾害风险评价模型

5.7.2.1　地质灾害经济风险评价模型计算:

$$R_{(prop)} = P_{(H)} \times P_{(S:H)} \times P_{(T:S)} \times V_{(prop:s)} \times E \qquad (5-5)$$

式中:$R_{(prop)}$ 为经济风险;$P_{(H)}$ 为地质灾害失稳概率,采用 5.4 节方法求解;$P_{(S:H)}$ 为地质灾害到达承灾体的概率,采用 5.5 节方法求解;$P_{(T:S)}$ 为承灾体时空分布概率;$V_{(prop:s)}$ 为承灾体的易损性;E 为承灾体价值。

(1)对位于位置固定的房屋和其他建筑物,承灾体时空分布概率为 1。

(2)流动承灾体的时空概率应通过统计分析方法确定。对于人员,应计算其暴露在地质灾害影响范围内的时空概率;对于交通工具,应统计其通过地质灾害影响范围的时空概率。

(3)地质灾害到达承灾体的概率取决于灾害体的运动路径及灾害体与承灾体的相对位置,是 0~1 之间的条件概率。对位于灾害体上的承灾体,其遭遇滑坡的概率为 1;对位于灾害体运移路径上的承灾体,可采用灾害体所覆盖的范围与承灾体分布范围的空间交叉概率计算。参考本指南 5.5.3 条确定灾害体运移距离,从而确定灾害体可能覆盖的面积。

5.7.2.2　地质灾害造成的人口伤亡风险计算:

$$R_{(LOL)} = P_{(H)} \times P_{(S:H)} \times P_{(T:S)} \times V_{(D:T)} \times E \qquad (5-6)$$

式中:$R_{(LOL)}$ 为人口伤亡风险;$P_{(H)}$ 为地质灾害失稳概率;$P_{(S:H)}$ 为地质灾害到达承灾体的概率;$P_{(T:S)}$ 为承灾体时空分布概率;$V_{(D:T)}$ 为人口易损性;E 为人口数量。

5.7.3　地质灾害风险分析

5.7.3.1　对于降雨诱发型滑坡或崩塌灾害,可分别计算滑坡不同降雨重现期下(T=10 年、20 年、

50 年)经济和人员风险。

　　5.7.3.2　对灾害影响范围内不同部位的建筑物承灾体进行编号,根据风险公式计算各部位承灾体在不同降雨条件下经济和人员风险。

　　5.7.3.3　地质灾害在不同降雨重现期下的风险是一种条件风险,可采用超越概率方法将其转化为一定时间尺度内的风险值。根据 10 年、20 年和 50 年降雨重现期下滑坡损失值与降雨年超越概率的关系,可分别建立人口总风险、经济总风险与年超越概率的关系曲线,该曲线是计算地质灾害年经济风险和人员风险的基础。

5.7.4　地质灾害风险评价

　　参照本指南 4.7.3 条进行。

5.8　地质灾害风险防控措施建议

　　5.8.1　总体方案参见本指南 4.8。

　　5.8.2　工程治理措施可以通过提高滑坡稳定性、降低地质灾害危险性而控制风险。对于滑坡灾害,可以采用削坡减载、挡土墙、格构锚杆、抗滑桩、排水工程、生态防护等措施;对于崩塌灾害,可以采用支撑加固、拦挡构筑物、锚固、灌浆加固、排水工程、削坡与清除、软基加固等措施。

　　5.8.3　监测措施可通过降低承灾体易损性而降低风险。根据地质灾害的稳定性现状和发展趋势,常用的监测方式有群测群防和专业监测。常用的专业监测设备有 GPS、地表裂缝监测仪、测斜仪、孔隙水压力计和雨量计。

　　5.8.4　搬迁避让措施可通过减少承灾对象而降低风险。对生命财产威胁严重而有治理困难的地质灾害体,可进行异地选址搬迁,新址应选在安全的地质体内。

　　5.8.5　通过分析投资-收益比提出合适的风险防控措施。计算分析采用不同风险防控措施所需的投资额度以及相应措施下灾害危险性的降低程度、人员和经济的残余风险,根据最优投资-收益比选择推荐风险防控措施。

　　5.8.6　对危险性较大的地质灾害隐患点,应编制防灾避险预案,形成"一点一预案",并及时提交当地政府主管部门。

6　地质灾害风险制图

6.1　城镇尺度地质灾害风险评估系列图件编制要求

6.1.1　基本要求

城镇尺度地质灾害风险评估系列图件的图面内容应简洁、易懂、美观,反映主要评价结果,同时在图中镶嵌通俗的文字说明。

6.1.2　命名规则

地质灾害风险评估系列图件包括易发性分区图、危险性分区图、易损性分区图、风险分区图和风险防控措施建议图等,其命名规则为:行政区名称＋编制区域名称＋基本图类型,示例如下。

(1)易发性分区图:湖南省慈利县零阳镇滑坡灾害易发性分区图。

(2)危险性分区图:湖南省慈利县零阳镇滑坡灾害危险性分区图。

(3)易损性分区图:湖南省慈利县零阳镇滑坡灾害人口易损性分区图。

(4)风险分区图:湖南省慈利县零阳镇滑坡灾害经济风险分区图。

(5)风险防控措施建议图:湖南省慈利县零阳镇滑坡灾害风险防控措施建议图。

6.1.3　图件信息要求

6.1.3.1　地质灾害风险评价系列图件包含基础地理信息、风险要素信息等,具体要求如下:

(1)基础地理信息包括行政区分界、主要地名、主要河流等。

(2)风险要素包括易发性、危险性、易损性、风险以及风险防控措施建议等。

(3)其他信息包括编图说明、中间计算数据镶图、责任表等。

6.1.3.2　地图数据基础要求如下:

(1)坐标系采用中国大地坐标系统 2000(CGS 2000)。

(2)1∶10 000 比例尺图,采用高斯-克吕格投影(Gauss－Kruger),3°分带。

(3)高程采用 1985 年国家高程基准。

6.1.4　图式要求

6.1.4.1　基本要素

(1)图示符合对应比例尺范围的国家地形图图式标准。制图比例尺为 1∶10 000,可根据实际情况进行适当调整,符合尺寸的设置应显示清晰、大小适度、整体协调。

(2)所有图件具备基本要素:图名、比例尺、指北针、图例、经纬度、编图说明、责任表等。

(3)编图说明用于阐述主图主要内容、制图过程中的评价数据、评价方法和过程、分析评价结果、图件使用说明等,需明确指出图内高易发区、高危险区或者高风险区。

(4)责任表包括工作单位、图名、相关负责人、图件序号、比例尺、制图日期、资料来源等相关信息。

6.1.4.2 地质灾害易发性图式要求

(1)主图:重点城镇区域地质灾害易发性分区图,主要反映地质灾害的易发性空间分布。将易发性分为极低易发区、低易发区、中易发区、高易发区和极高易发区五级。

(2)图件从下到上依次放置图层:山体阴影图层、易发性分区图层、水系图层、地质灾害分布图层、主要乡镇名图层等。各图层的图示图例要求参见《崩塌滑坡泥石流调查评价成果信息化技术要求》。地质灾害易发性分区图按照30%~50%透明度设置。

(3)镶图:用于辅助说明主图,如区域地理位置图、主要致灾因子图、评价精度图等,根据实际情况进行选择。

6.1.4.3 地质灾害危险性图式要求

(1)主图:重点城镇区域地质灾害危险性评价图,主要反映在给定条件下地质灾害发生的可能性、强度及影响范围等。主图一般分为4幅,分别反映不同重现期对应的降雨工况条件,10年、20年、50年和100年4个重现期要在各幅图内标注。将危险性分为极高危险区、高危险区、中危险区、低危险区和极低危险区五级,在图例中表明各级别危险区灾害发生的概率范围。

危险性图件从下到上依次放置山体阴影、危险性评价图层、水系图层、地质灾害分布图层、主要乡镇名图层等。各图层的图示图例要求参见《崩塌滑坡泥石流调查评价成果信息化技术要求》。地质灾害图层用面反映其空间分布,并圈画出灾害的运移路径和影响范围,灾害属性表内包含灾害的类型、规模、危险性等信息。地质灾害危险性分区图按照30%~50%透明度设置。

(2)镶图:用于辅助说明主图,反映给定的地质灾害危险性评价的工况条件,如暴雨的超越概率专门性图件,根据实际情况进行选择。

(3)镶表:用于补充说明地质灾害危险性评价图件内容,如地质灾害危险性分区说明表,主要内容为分区代号、名称、等级、位置、面积、地质灾害发育特征及其危险性等。

6.1.4.4 承灾体易损性图式要求

(1)主图:包括经济易损性和人员易损性两类。因易损性与灾害发生强度相关,因此易损性图件工况与危险性对应,涵盖10年、20年、50年、100年4个重现期。将易损性分为极高易损性、高易损性、中易损性、低易损性和极低易损性五级,在图例中表明各级区易损性值的范围。

易损性图件从下到上依次放置山体阴影图层、危险性评价图层、建筑物易损性分布图层/人口易损性分布图层、水系图层、地质灾害分布图层、主要乡镇名图层等。各图层的图示图例要求参见《崩塌滑坡泥石流调查评价成果信息化技术要求》。地质灾害易损性分区图按照30%~50%透明度设置。

地质灾害分布图层:用面反映其空间分布,并圈画出灾害的运移路径和影响范围,灾害属性表内包含灾害的类型、规模、危险性等信息。

建筑物易损性分布图层:将处于灾害影响范围内和影响范围外的建筑物以不用色系区分显示;对于影响范围内的承灾体,根据易损性级别在同一色系内用颜色深浅表达。

(2)镶图:用于辅助说明主图,反映区域内承灾体的空间分布、区域地理位置图、重要设施周边斜坡区域易损性局部分布图等。

(3)镶表:用于补充说明重要区段或斜坡带承灾体的分布和易损性,如××区段人口/财产易损性说明表,主要内容为分区代号、名称、承灾体价值或数量、易损性值等。

6.1.4.5 地质灾害风险分区图式要求

(1)主图:即重点城镇区域地质灾害人员(经济)风险分区图,主要反映给定条件下地质灾害可能造成的损失,与地质灾害危险性分区图对应,涵盖 10 年、20 年、50 年、100 年 4 个重现期。将风险分为极高风险、高风险、中风险、低风险和极低风险五级,在图例中表明各级区人口或财产损失值的范围。

风险分区图从下到上依次放置山体阴影图层、风险评价图层、地质灾害分布图层、建筑物或人口分布图层、水系图层、主要乡镇名图层等。各图层的图示图例要求参见《崩塌滑坡泥石流调查评价成果信息化技术要求》。地质灾害风险分区图按照 30%～50%透明度设置。

(2)镶图:用于辅助说明主图,可设置为区域地理位置图、主要致灾因子图、重要设施周边或斜坡带局部分布图等。

(3)镶表:用于补充说明重要区段或斜坡带风险分区,如××区段人口/财产风险说明表,主要内容为分区代号、名称、承灾体损失价值或数量、风险级别等。

6.1.4.6　地质灾害风险防控措施建议图

(1)主图:即重点城镇区域地质灾害风险防控措施建议图,主要反映控制风险的具体措施和空间布局。根据地质灾害或斜坡体特征制定风险防控方案,并将工程治理、专业监测、群测群防、搬迁避让等措施布局到各斜坡体。

风险防控措施建议图从下到上依次放置山体阴影图层、风险评价图层、地质灾害分布图层、风险防控措施建议图层、水系图层、主要乡镇名图层等。各图层的图示图例要求参见《崩塌滑坡泥石流调查评价成果信息化技术要求》。地质灾害风险分区图按照 30%～50%透明度设置。风险防控措施建议图层以图案和颜色填充的方式区分,在图例中表明各措施。

(2)镶图:用于辅助说明主图,如区域地理位置图、人口或经济风险分区图。

(3)镶表:用于补充说明评价区总体防控措施投入的分布情况,如风险防控措施建议说明表,主要内容为分区代号、名称、风险级别或损失值、防控建议等。

6.2　单体地质灾害风险评估系列图件编制要求

6.2.1　基本要求

单体地质灾害风险图件应反映地质灾害风险的分布和差异,图面内容应简洁、易懂、美观,涉及的主要图件包括灾害体运动过程模拟图、灾害体影响范围图、灾害体作用强度分布图、承灾体分布图、地质灾害风险分布图、地质灾害风险防控措施建议图等。

若采用数值模拟方法分析地质灾害影响范围,还应补充灾害体运动过程模拟图、灾害体作用强度分布图。

6.2.2　命名规则

单体地质灾害风险评估系列图件包括灾害体运动过程模拟图、灾害体影响范围图、灾害体作用强度分布图、承灾体分布图、地质灾害风险分布图、地质灾害风险防控措施建议图等,其命名规则为:行政区名称+灾害点名称+基本图类型,示例如下。

(1)灾害体运动过程模拟图:湖南省宁乡县王家湾滑坡运动过程模拟图。

(2)灾害体影响范围图:湖南省宁乡县王家湾滑坡影响范围图。

(3)灾害体作用强度分布图:湖南省宁乡县王家湾滑坡作用强度分布图。

(4)承灾体分布图:湖南省宁乡县王家湾滑坡承灾体分布图。

(5)地质灾害风险分布图:①湖南省宁乡县王家湾滑坡经济风险分布图;②湖南省宁乡县王家湾滑坡人口风险分布图。

（6）地质灾害风险防控措施建议图：①湖南省宁乡县王家湾滑坡工程治理措施建议图；②湖南省宁乡县王家湾滑坡监测措施建议图。

6.2.3　图件信息要求

图件基础要求如下：

（1）坐标系采用中国大地坐标系统 2000（CGS 2000）。

（2）高程采用 1985 年国家高程基准。

（3）单体地质灾害的平剖面图比例尺为 1∶2 000～1∶500。

6.2.4　图式要求

6.2.4.1　灾害体运动过程模拟图

该系列图主要展示采用数值模拟方法分析的灾害体运动和堆积过程，图件包含基础地形信息、灾害体扩散及堆积信息、标注信息及编图说明信息。该图可按灾害体初始运动至运动结束的时间分幅表达，一般至少用 6 幅图展示灾害体运动过程。

（1）基础地形信息主要为灾害体影响范围内的地形地貌，以 DEM 数据表达。

（2）灾害体扩散及堆积信息指不同时刻灾害体在影响范围内堆积的厚度，以堆积体厚度云图表达。

（3）标注信息包括运动时间、指北针、比例尺、图例等。

（4）编图说明包括模拟软件、计算方法与参数、计算结果的说明以及不同时刻灾害体堆积厚度的空间分布信息。

6.2.4.2　灾害体影响范围图

采用经验方法对灾害体影响范围进行评价时，灾害体影响范围图主要展示灾害体在最危险工况下的影响范围，包括灾害体前缘抵达范围和后缘后扩范围。图件应包含基础地形信息、地质灾害运动范围信息、地质灾害边界信息、剖面线布置信息、标注信息及编图说明信息。

（1）基础地形信息主要为地质灾害影响范围内的地形地貌，以 DEM 数据表达。

（2）地质灾害运动范围信息为地质灾害运动静止后可能的堆积范围以及后扩范围。

（3）地质灾害边界信息主要指地质灾害源的边界。

（4）标注信息包括地质灾害名称、地质灾害边界线、剖面线编号、地质灾害影响范围内分区、指北针、线段比例尺等。

（5）编图说明信息应包括地质灾害源概况和地质灾害影响范围。

6.2.4.3　灾害体作用强度分布图

采用数值模拟方法评价灾害体影响范围时，灾害体作用强度主要展示灾害体在最危险工况下的影响范围及堆积特征信息，主要包括影响范围内灾害体堆积厚度分布图、地质灾害运动速度特征图。图件应包含基础地形信息、地质灾害运动范围信息、地质灾害边界信息、灾害体堆积特征信息、地质灾害运动速度特征信息、剖面线布置信息、标准信息及编图说明信息。

（1）基础地形信息主要为地质灾害影响范围内的地形地貌，以 DEM 数据表达。

（2）地质灾害运动范围信息为地质灾害运动静止后可能的堆积范围。

（3）地质灾害边界信息主要指地质灾害源的边界。

（4）地质灾害堆积特征信息主要表征最危险工况下地质灾害影响范围内灾害体堆积的厚度，可分别用主图和镶图表征。在主图中，灾害体堆积特征以堆积体厚度云图表达，并在主图中布置不同的横纵剖面线；在镶图中，以堆积体厚度与滑动距离间关系的变化曲线表征不同剖面线堆积特征。

（5）地质灾害运动速度特征信息主要表征最危险工况下地质灾害影响范围内不同部位灾害体运动速度大小，可分别用主图和镶图表征。在主图中，显示地质灾害体不同部位的信息；在镶图中，以不同部位灾害体运动速度与运动距离间关系的变化曲线表达灾害体不同部位的运动特征。

（6）标注信息包括地质灾害名称、地质灾害边界线、剖面线编号、堆积体厚度图例、灾害体速度大小图例、指北针、比例尺等。

（7）编图说明信息应包括地质灾害源概况、地质灾害影响范围、不同部位的堆积特征、灾害体运动速度特征。

6.2.4.4　承灾体分布图

承灾体分布图主要反映灾害体与其影响范围内受灾对象及其属性。图件应包含基础地形信息、承灾体信息、地质灾害边界信息、标注信息及编图说明信息。

（1）基础地形地貌信息主要为地质灾害影响范围内的地形地貌，以 DEM 数据或遥感影像数据表达。

（2）承灾体信息一般包括人口、建筑物、土地、道路、管线、厂房、河流等。

（3）承灾体图件表达信息主要包括承灾体类型、空间分布与规模大小等属性。

（4）地质灾害信息包括地质灾害源边界信息和影响范围信息。地质灾害影响范围信息包括地质灾害前缘的掩埋区域和后扩范围。

（5）标注信息包括指北针、比例尺、编号图例。

（6）编图说明表用于说明承灾体特征，主要包括承灾体编号、类型、面积、层高、用途、经济价值、人口数量等。

6.2.4.5　地质灾害风险分布图

地质灾害风险分布图为城镇单体地质灾害经济（人口）风险分布图，主要反映不同降雨条件下地质灾害可能造成的损失，对应的降雨重现期为 10 年、20 年、50 年，可包含基础地形信息、滑坡基本信息、建筑物风险分布信息、人口风险分布信息、镶表、编图说明信息及标注信息。图例中表明地质灾害影响范围内不同位置人口或财产损失值的范围。

（1）风险分布图从下到上依次放置山体阴影图层、风险评价图层、地质灾害基本信息图层、建筑物分布图层、水系图层、主要地名图层等。

（2）经济风险分布图包括地质灾害影响范围内潜在经济损失，根据损失的量值范围划分不同的等级，采用不同颜色表达。

（3）人口风险分布图包括地质灾害影响范围内潜在的人口损失，根据人口的损失程度划分为不同等级，采用不同颜色表达。

（4）镶表用于补充说明建筑物易损性或人口易损性大小，主要内容包括不同建筑物代号、结构类型、经济价值、建筑物易损性值、人口易损性值等信息。

（5）标注信息包括指北针、比例尺、地名、降雨重现期、人口风险值图例、经济风险值图例等。

（6）编图说明用于表达地质灾害影响范围内经济风险和人口风险，主要包括不同工况下地质灾害经济总风险和人口总风险以及影响范围内不同部位地质灾害风险的大小。

6.2.4.6　地质灾害风险防控措施建议图

单体地质灾害风险防控措施建议图主要包含地质灾害工程治理措施建议图和地质灾害监测措施建议图，该图主要展示地质灾害风险防控的建议措施。

（1）地质灾害工程治理措施建议图主要用工程治理平面图和工程治理剖面图展示工程治理措施。工程治理平面图包括地形地貌信息、地质灾害边界信息、承灾体信息、工程治理措施信息、剖面线布置信息、标注信息及编图说明信息;工程治理剖面图主要包括滑坡地形信息、承灾体信息、工程治理措施信息、标注信息及编图说明信息。

　　(2)地质灾害监测措施建议图主要用地质灾害监测平面图和剖面图展示地质灾害监测措施。监测平面图包括地形地貌信息、地质灾害边界信息、承灾体信息、监测措施信息、剖面线布置信息、标注信息及编图说明信息;监测剖面图主要包括滑坡地形信息、承灾体信息、监测措施信息、标注信息及编图说明信息。

7 成果报告编写要求

7.1 一般要求

7.1.1 城镇地质灾害风险评估成果报告在调查成果的基础上开展，成果所依据的原始资料应进行整理、检查和分析，确认无误后方可使用。

7.1.2 成果报告应资料完整、数据真实准确、篇章内容齐全、文字简练规范、图表齐全清晰、文图对应统一、结论明确有据、建议合理可行、便于使用和适宜长期保存，并应因地制宜、重点突出、无错误和矛盾。

7.1.3 成果报告的文字、术语、代号、符号、数字、计量单位、标点均应符合国家有关标准的规定。

7.2 报告内容和大纲

城镇地质灾害风险评估成果报告应根据任务要求、工作区地质条件和灾害风险特点编写，可参考以下大纲。

1　××镇地质环境条件分析

　　1.1　自然地理条件

　　1.2　地形地貌条件

　　1.3　地质环境条件

　　1.4　人类工程与经济活动特征

2　地质灾害发育规律与成因分析

　　2.1　地质灾害类型与规模特征

　　2.2　地质灾害时空分布规律与成因

3　城镇尺度地质灾害风险评估

　　3.1　评价单元划分

　　3.2　地质灾害易发性评价

　　　　3.2.1　易发性评价方法

　　　　3.2.2　易发性评价指标分析与模型构建

　　　　3.2.3　易发性分级与评价结果准确性判断

　　3.3　地质灾害危险性评价

　　　　3.3.1　地质灾害危险概率分析(方法、评价过程)

　　　　3.3.2　地质灾害强度分析

　　3.4　承灾体易损性评价

　　　　3.4.1　承灾体属性特点

　　　　3.4.2　建筑物易损性评价(方法、评价过程)

7.3　报告附图

成果报告附以下图件(以滑坡为例)。

城镇尺度：

××省××县××镇滑坡灾害易发性分区图

××省××县××镇滑坡灾害危险性分区图

××省××县××镇滑坡灾害人口(建筑物)易损性分区图

××省××县××镇滑坡灾害人口(经济)风险分区图

××省××县××镇滑坡灾害风险防控措施建议图

地质灾害点：

××省××县××镇××滑坡滑动过程模拟图

××省××县××镇××滑坡影响范围图

××省××县××镇××滑坡作用强度分区图

××省××县××镇××滑坡承灾体分区图

××省××县××镇××滑坡人口(经济)风险分区图

××省××县××镇××滑坡灾害风险防控措施图(工程治理、监测预警)

8 湖南省慈利县零阳镇地质灾害风险评估案例

8.1 慈利县零阳镇地质环境条件分析

8.1.1 自然地理条件

慈利县位于湖南省西北部,地处澧水中上游,属张家界市所辖。北部、东北部与常德市的石门县相邻,东南部与桃源县连接,西部、西南部与张家界市的桑植县、武陵源区、永定区接壤。县域交通较为便利,枝(城)柳(州)铁路、常(德)张(家界)高速公路贯穿全县腹地,县内主要有交通干道 S304 省道、S305 省道、S306 省道以及慈(利)张(家界)公路与常德市、张家界市、武陵源区、石门县相通。区内的水路亦较发达,溇水、澧水干流分别长达 70km、110km。

该地区属亚热带季风湿润气候,光热充足,雨量充沛,无霜期长,严寒期短,四季分明。据慈利县气象局 1991—2010 年资料(后同),多年平均降雨量为 1 301.37mm,年降雨量最大为 1 914.69mm(2002 年),年降雨量最小为 777.4mm(1997 年);多年月平均降雨量最大为 268.27mm(7 月),最小为 11.54mm(1 月),全年雨季为 5 月、6 月、7 月,其雨量占全年降雨量的 48.7%;日最大降雨量为 191.2mm(1998 年 7 月 23 日),时最大降雨量为 77.4mm(2010 年 7 月 5 日 6 时)。湖南省慈利县多年月平均降雨量如图 8-1 所示。

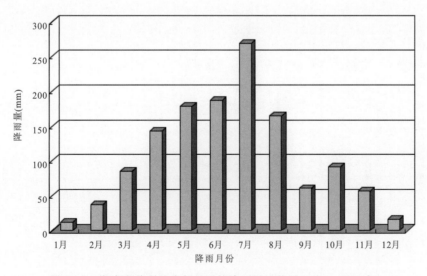

图 8-1 湖南省慈利县多年月平均降雨量柱状图(1991—2010 年)

8.1.2　地形地貌条件

该地区地貌单元属湘西武陵山山地东北端,县内主要山脉有3支(图8-2)。

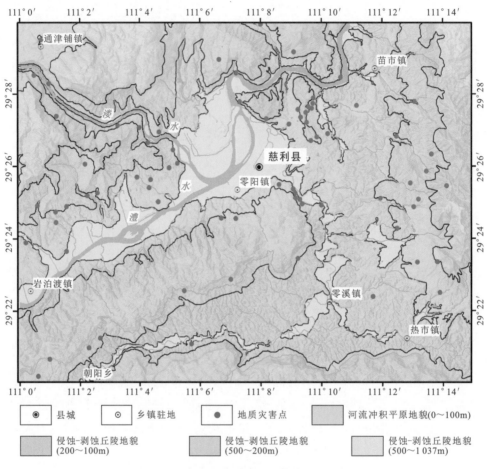

图8-2　湖南省慈利县幅地貌单元分区图

(1)北部龙潭湾、三合口、庄塌一带为北支,山脉走向60°,但在龙潭湾附近呈"S"状,向南伸出图外,庄塌附近则出现分支,一支继续北上伸出县境,一支南折呈东西向延伸至杨柳铺以北一带。山脊西段标高达1410m(高家界),是全县之最,一般标高900~1000m。

(2)许家坊、甘堰、零阳(慈利县城)、苗市以北一线为中支,山脉形态在东段亦呈"S"状,头部走向近东西,腰部位于慈利县城西北,尾部走向70°,向西伸出县境后于武陵源与北支山脉会合,构成著名的张家界国家地质公园,山脊最高标高1122m(矿洞山),向东渐降至300~400m。

(3)澧水以南的剪刀寺、黄土垭、七姑山(羊角山)、五雷山一线为南支,山脉形态仍呈"S"状,头部走向近东西,腰部位于慈利县城以东五雷山一线,山脉走向近南北,形成了洞庭湖西侵的天然屏障,尾部走向50°,向西出县境后径直与武陵山主脉(古丈至天门山)会合。3支山脉间多为标高300~800m的低山丘陵及平原地貌,澧水、娄水河谷两岸多为冲积平原,标高80~170m。

8.1.3　地质环境条件

8.1.3.1　地层岩性

慈利县域内岩石以沉积岩发育较齐全,且以碳酸盐岩为主、沉积环境复杂多样(岩性相变大)、无岩浆岩出露为基本特征。自新元古代到新生代,除石炭系、新近系、古近系缺失外,其余各时代地层均有分布。分布面积大的地层属寒武系、奥陶系、志留系和三叠系,主要建造类型为碳酸盐岩、沉积碎屑岩、浅变质岩、河流冲积物四类。慈利县岩石地层及地层分布如表8-1和图8-3所示。

根据案例研究区土体成因类型划分,区内土体工程地质类型分滑坡堆积碎块石土、残坡积粉质黏土夹碎块石、崩坡积碎块石夹粉质黏土、全新统冲洪积卵砾石土、上更新统冲洪积卵砾石土五类(Ⅰ-1、Ⅰ-2、Ⅰ-3、Ⅰ-4、Ⅰ-5)。区域岩体工程地质类型可划分为3个岩类7个岩组(表8-1),即层状碎屑岩岩类、层状碳酸岩岩类、层状碳酸盐岩夹碎屑岩岩类,其中层状碎屑岩岩类划分为3个岩组,层状碳酸岩岩类划分3个岩组,层状碳酸盐岩夹碎屑岩岩类划分1个岩组。湖南省慈利县零阳镇城区工程地质岩组分布图如图8-3所示。

表8-1　湖南省慈利县零阳镇岩体工程地质类型及特征表

工程地质岩组			地层代号	工程地质特性
岩类名称及代号	代号	岩体类型		
Ⅰ	Ⅰ-1	滑坡堆积碎块石土	Q^{del}	分布于澧水、溇水、零溪河河谷平原地带,地形平坦,坡度0°~7°,分布地层岩性主要为第四系全新统冲洪积堆积物,结构松散松软,厚度分布不均,力学强度低,河谷两岸已修建防洪堤
	Ⅰ-2	残坡积粉质黏土夹碎块石	Q^{el+dl}	
	Ⅰ-3	崩坡积碎块石夹粉质黏土	Q^{col+dl}	
	Ⅰ-4	全新统冲洪积卵砾石土	Q^{al+pl}	
	Ⅰ-5	上更新统冲洪积卵砾石土	Q_3^{al+pl}	
Ⅱ 层状碎屑岩岩类	Ⅱ-1	坚硬较坚硬中至厚层状石英砂岩为主岩组	D_2y、S_2x、S_2w	岩体抗风化能力强、力学强度高,由其组成的斜坡多高陡,但稳定性好。该层常与上伏岩层组成上硬下软结构,易产生小规模崩塌地质灾害
	Ⅱ-2	坚硬较坚硬厚层状粉砂岩、块状砾岩岩组	K_1q	主要为紫红色粉砂质泥岩,上部为青灰色-浅灰色厚层砾岩;砂岩、页岩亲水性强,遇水易软化、崩解,风化裂隙发育,属软弱岩类。由其组成的山体易产生崩塌、崩落等自然灾害
	Ⅱ-3	较坚硬至软质薄层至中厚层状页岩砂岩泥岩岩组	S_1lz、S_1r、S_1l	岩体软硬相间,页岩充当软弱夹层,其抗风化能力差,亲水性强,易软化、崩解,钙质页岩、砂岩、泥灰岩等强度相对较高,抗风化能力较强。该区裂隙发育,岩体完整性较差,易产生小规模滑坡、崩塌
Ⅲ 层状碳酸岩岩类	Ⅲ-1	坚硬中至厚层状强—中岩溶化灰岩、白云质灰岩、白云岩岩组	T_1j、T_1d、P_1m、O_1n、O_1h、$\in_3l$、$\in_1q$	岩石质地坚硬,锤击声清脆,抗风化能力强,岩溶中—高发育,含水透水性较强;岩体力学强度高,多以脆性破坏为主。该岩组内地质灾害为低易发,在高陡峡谷、公路边坡处,受卸荷裂隙控制易形成崩塌、危岩灾害
	Ⅲ-2	坚硬厚层至中厚层状中岩溶化含燧石灰岩岩组	P_1q、P_2ch	岩石质地坚硬,锤击声清脆,抗风化能力强,岩溶中发育,含水透水性较强;岩体力学强度较高,抗压强度一般多以脆性破坏为主。分布于澧水北岸沿线,该岩组内地质灾害为低易发,在高陡峡谷、公路边坡处,受卸荷裂隙控制易形成崩塌、危岩灾害
Ⅳ 层状碳酸盐岩夹碎屑岩岩类	Ⅳ	软硬相间薄层状灰岩夹页岩、煤系地层岩组	P_1l、P_2ch、O_3w、O_2b、O_1d、	岩石质地软弱,为夹页岩地层;岩体力学强度较低,一般易泥化

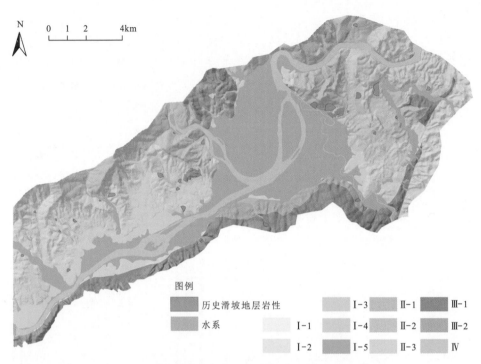

图 8-3　湖南省慈利县零阳镇城区工程地质岩组分布图

8.1.3.2　地质构造

慈利县属我国东部新华夏系一级构造第三隆起带南段,湘西北弧形构造北东端,大致以澧水为界,构造景观南北迥异。

澧水以南以断裂构造为主,走向由北东转至北东东,倾角陡,两盘岩层产状局部倒转具压性特征,分支复合现象明显。以长潭-车家峪断裂(或称澧水断裂)为代表的区域性深大断裂在慈利城区一带覆盖于第四纪冲积层之下,但其规模明显变小,并迅速向北急转后与区域上另一组北东向断裂融为一体,即所谓"尖灭侧现",因而在慈利县城、苗市一带出现 S 型构造景观。以五保溪背斜为首的褶皱多呈紧闭状,岩层产状陡立,且多被断裂破坏,唯远离澧水断裂带的南部景龙桥一带,属构造应力的缓冲地带,褶皱舒缓,受断裂破坏小。

澧水以北广大地区以褶皱构造为主。北部边境地带褶皱紧闭,呈线状分布,轴部偶见规模不大的压性断裂,其余地带褶皱舒缓。三官寺附近 S 型的褶皱形迹较为明显,与慈利县城、苗市一带由断裂构造形成的 S 型褶皱形迹遥相呼应。湖南省慈利县构造体系特征如表 8-2 所示。

表 8-2　湖南省慈利县构造体系特征表

名称	展布位置	构造基本特征
龙阳湾倒转向斜	苗市龙阳、一都界,广福桥建设、狮岩村	长 8km,轴向近东西,东段伏于白垩系之下,西段向南急转近南北向并扬起,属区域 S 型构造头部,而尾部被断层破坏形迹不清,核部地层为 T_2j,两翼渐次为中二叠统嘉陵江组、下二叠统大冶组、二叠系、泥盆系、志留系,北翼产状倒转

续表 8 - 2

名称	展布位置	构造基本特征
羊角山背斜	零阳郝家山、羊角山	长 10km,轴向 60°,核部为寒武系,翼部为奥陶系,倾角 20°～30°,南翼断层破坏
岩门垭-白竹水张扭性断裂	朝阳董家、云盘塌、零阳山,零阳白竹水	长 30km,走向 45°,渐转 60°,断面走向呈锯齿状,东段张性特征明显,北盘为寒武系,南盘为志留系(下降盘)
蒿毛山-七姑山张扭性断裂	南山坪剪刀寺、蒿毛山,朝阳沙泊街,零溪两岔溪、红岩壁	长 40km,走向 45°渐转至东西向,断面走向呈锯齿状,东段张性特征明显,北盘为志留系(下降盘),南盘为下寒武统,破碎带中见构造透镜体
杨柳铺压扭性断裂	杨柳铺三合山、六合垭,零阳遗笔溪	长 15km,走向近南北向,北段略偏东,南段小断层发育且呈帚状分布,两盘均为志留系、泥盆系、二叠系、三叠系,东盘相对向南平移
茶林河-白竹水压扭性断裂	田家大山、茶林河、白竹水	长 15km,走向近南北向,西盘为中二叠统嘉陵江组、白垩系,东盘为志留系,并向南平移,破碎带发育,并有志留系、奥陶系透镜体
王家面铺张扭性断裂	苗市黄花溪、零阳黄连洞	长 13km,走向 350°,两盘均为志留系,东盘下降并南移

8.1.4　人类工程与经济活动特征

慈利县交通发达,常张高速、枝柳铁路贯通全县,近 10 年来新建 S304 省道、S305 省道以及慈张公路,全县建设用地面积从 2002 年的 10 800.08hm²(1hm² = 0.01km²)增长到 2011 年的 11 958.33hm²,建设用地面积显著增加,人类工程活动频繁(表 8 - 3)。

表 8 - 3　湖南省慈利县 2002—2011 年土地利用变化统计表　　　　　　(单位:hm²)

年份	耕地	林地	草地	水域	建设用地	未利用地
2002	56 486.54	260 326.37	1 045.27	12 856.84	10 800.08	7 333.00
2011	51 380.37	266 901.46	1 548.98	12 665.51	11 958.33	4 141.53

由于慈利县社会发展和经济增长,对公共基础设施需求扩大,2016 年慈利县公路里程 3 690km,较 2006 年增长 25%。改造农村公路 204.5km、危桥 22 座,安保工程完成 272km,零龙公路、杨通公路、清江公路等重点工程建设进展顺利。全年完成交通固定投资 8 亿元,全县行政村客运班线通达率 95%,其次,慈利县不断推进城镇化,工业用地和道路规模不断扩大,势必增加人类工程活动量。人类工程活动对于慈利县地质环境影响主要体现在以下几个方面。

8.1.4.1　房屋建设改变斜坡结构而导致坡体破坏

慈利县位于湖南省西北部山区,山区居民建造房屋时,往往选择斜坡坡脚、河谷等平坦低洼处,建造过程中开挖坡脚,使斜坡前缘形成高陡临空面,改变斜坡体原有平衡,造成斜坡岩土体力学强度降低而失稳变形。如图 8 - 4 所示,由于建设汽修厂、开挖山脚导致斜坡前缘形成高陡临空面,从而使得滑坡极易失稳。

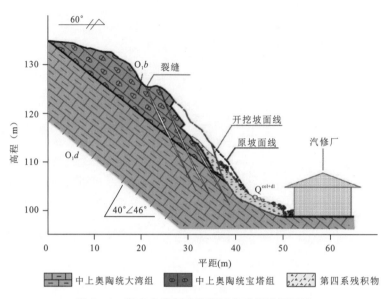

图 8-4　湖南省慈利县零阳镇典型滑坡剖面图

8.1.4.2　公路、铁路建设对周围坡体环境的破坏

慈利县存在大量公路和铁路建设工程,山区建设公路、铁路同样存在开挖坡脚的问题,更为重要的是公路、铁路修建时产生的废弃物堆积在斜坡体上,由于堆积物结构松散,遇到降雨时易吸水加重,加大斜坡上负载,在重力、降雨共同作用下引发滑坡。如图 8-5 所示,由于城市建设需求,公路建设中将废弃物堆积在上坡或者下坡,降雨导致堆积物结构松散,易诱发滑坡。

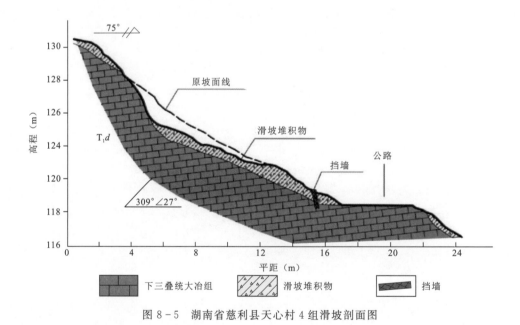

图 8-5　湖南省慈利县天心村 4 组滑坡剖面图

从慈利县已探明的几处滑坡灾害情况分析可知,修建公路、房屋对周围斜坡稳定性产生负面影响,人类工程活动是诱发滑坡因素中不可忽视的一部分。

8.2 地质灾害发育规律与成因分析

8.2.1 地质灾害类型与规模特征

滑坡是慈利地区主要的地质灾害之一。慈利县零阳镇城区共发育滑坡 16 处,占地质灾害总数的 64%,滑坡总面积 22.52 万 m²,总体积 75.11 万 m³。

8.2.1.1 滑坡规模特征

依据滑坡的规模级别划分标准,慈利县零阳镇城区 16 处滑坡中有中型滑坡 4 处,小型滑坡 12 处,分别占滑坡总数的 25% 和 75%,滑坡总体积 75 万 m³(表 8-4)。

表 8-4 湖南省慈利县零阳镇城区滑坡规模级别特征统计表

级别指标	中型(10~100 万 m³)	小型(<10 万 m³)	合计
数量(处)	4	12	16
百分比(%)	25	75	100
体积(万 m³)	51.50	23.61	75.11

8.2.1.2 滑坡物质成分

滑坡按其物质组成可分为岩质滑坡、土质滑坡和碎屑型滑坡三类,调查统计结果显示,城区土质滑坡 13 处、岩质滑坡 1 处、碎屑型滑坡 2 处,分别占滑坡总数的 81.25%、6.25% 和 12.5%。土质滑坡滑体物质以残坡积粉质黏土夹碎块石为主,含水量较大,其他成因土类少见;岩质滑坡滑体物质上覆大多为粉质黏土夹碎石,块石多为粉砂岩、泥质粉砂岩,下伏为基岩;碎屑型滑坡滑体物质以粉质黏土为主,含少量肉红色泥晶灰岩碎石。滑体物质成分与滑坡区基岩岩性有关(表 8-5)。

表 8-5 湖南省慈利县零阳镇城区滑坡物质成分统计表

物质成分	土质	岩质	碎屑	合计
数量(处)	13	1	2	16
百分比(%)	81.25	6.25	12.5	100
体积(万 m³)	73.69	0.10	1.32	75.11

8.2.1.3 滑坡形态特征

滑坡按其平面形态划分为舌形、半圆形和不规则形,城区内滑坡以舌形为主,共有 8 处,占总滑坡数的 50%,半圆形有 7 处,不规则形 1 处(表 8-6)。

表 8-6 湖南省慈利县零阳镇城区滑坡平面形态特征统计表

平面形态	舌形	半圆形	不规则形	合计
数量(处)	8	7	1	16
百分比(%)	50	43.75	6.25	100
体积(万 m³)	48.36	25.55	1.20	75.11

滑坡按其剖面形态划分为凸形、凹形、直线形和阶梯形,城区内滑坡以阶梯形为主,共发育 6 处,占总滑坡数的 37.5％,其次为直线形 5 处,凹形 4 处,凸形 1 处(表 8－7)。

表 8－7　湖南省慈利县零阳镇城区滑坡剖面形态特征统计表

剖面形态	凹形	凸形	直线形	阶梯形	合计
数量(处)	4	1	5	6	16
百分比(%)	25	6.25	31.25	37.5	100
体积(万 m³)	11.45	0.12	21.67	41.87	75.11

8.2.1.4　滑坡扩展方式

滑坡按其扩展方式可分为推移式、扩大型、牵引式和约束形。城区滑坡以推移式为主,发育共 9 处,体积约 70.04 万 m³,其次牵引式 4 处,扩大型 2 处和约束形 1 处(表 8－8)。

表 8－8　湖南省慈利县零阳镇城区滑坡扩展方式统计表

扩展方式	推移式	扩大型	牵引式	约束形	合计
数量(处)	9	2	4	1	16
百分比(%)	56.25	12.5	25	6.25	100
体积(万 m³)	70.04	1.32	3.65	0.10	75.11

8.2.1.5　滑坡活动状态

根据调查城区滑坡滑动状态主要有蠕变阶段、加速变形阶段和破坏阶段 3 种,其中蠕变阶段和加速变形阶段滑坡数量相同,均为 6 处,处于破坏阶段的滑坡 4 处。从体积上来看,处于蠕变阶段的滑坡体积较大,为 41.75 万 m³;其次为处于加速变形阶段的滑坡,共 32.82 万 m³;处于破坏阶段的滑坡体积最小,为 5 400m³(表 8－9)。

表 8－9　湖南省慈利县零阳镇城区滑坡活动状态统计表

活动状态	蠕变阶段	加速变形阶段	破坏阶段	合计
数量(处)	6	6	4	16
百分比(%)	37.5	37.5	25	100
体积(万 m³)	41.75	32.82	0.54	75.11

8.2.2　地质灾害时空分布规律与成因

慈利县零阳镇及规划建设区采用了遥感解译加地面调查的方式,获得灾害发育情况,共发育地质灾害 25 处,其中滑坡 16 处,崩塌 9 处。区内存在的地质灾害类型较少。纵观整个区内的典型斜坡段,总体稳定性较好,近期发生的少量大中型滑坡主要为老滑坡(或崩塌)体复活。零阳镇城区滑坡灾害的风险特征主要从地层岩性、坡体结构、降雨等情况进行总结。

　　由于不同斜坡段所处地质环境的差异,其变形破坏强度也不相同,大部分斜坡段变形破坏现象很少,斜坡的稳定状况总体良好,少部分斜坡段大中型滑坡、崩塌相对密集,稳定性相对较差。

　　慈利县零阳镇城区大面积出露第四系松散堆积物(洪积层、残坡积层、崩坡积层及滑坡堆积层),主要分布于澧水、溇水两岸及缓坡地带,分布厚度一般 3～5m,局部地段达 15m。由第四系松散堆积物组成的斜坡容易出现滑坡地质灾害,建筑开挖容易引起斜坡变形,形成不稳定斜坡,对城镇建设影响较大。慈利县的易滑岩组地层岩性主要为较坚硬至软质薄层至中厚层状页岩-砂岩-泥岩组合。此类岩组岩石软弱、性脆,泥质成分高,黏结性差,易风化、泥化,在地表水及地下水综合作用下,岩体力学性质差,容易在地表形成较厚的风化残坡积层。零阳镇东西两侧出露的基岩主要为志留系、白垩系砂页岩地层,属于易滑地层。城镇化建设过程中形成大量工程边坡,稳定性较差,顺层斜坡易产生滑坡,逆向、斜向坡易出现小规模崩塌现象。

　　坡体结构组合对坡体的稳定性影响明显,斜坡结构类型与灾害点关系密切,一般来说,顺向斜坡稳定性最差,横向斜坡次之,而逆向斜坡稳定性相对较好。慈利县内滑坡绝大多数发生在顺向斜坡内。

　　大气降雨是滑坡、崩塌灾害发生的主要影响因素。大多数滑坡、崩塌灾害都是在连续强降雨或连续降雨后发生的。由于降雨的入渗会软化岩土体,降低岩土体力学强度,是滑坡产生的催化剂和润滑剂。同时大气降雨形成的地表水冲刷坡脚,导致坡脚被掏空,降雨沿裂隙渗入坡内,增大了边坡岩体的动水压力和静水压力,软化或掏蚀了岩体裂隙中的充填物,增加了岩体自重,从而加速了滑坡和崩塌的产生。

　　通过对慈利县的地质灾害调查,根据灾害的运动形式及特点,归纳总结了县内地质灾害的成灾类型大体可分为 8 种:岩体崩落(R-F)、岩体倾倒(R-T)、岩体滑落(R-S)、岩体平移滑动(R-PS)、土体平移滑动(S-PS)、土体复合滑动(S-CS)、碎屑滑动(D-PS)、碎屑流动(D-F)。湖南省慈利县零阳镇城区地质灾害分布如图 8-6 所示。

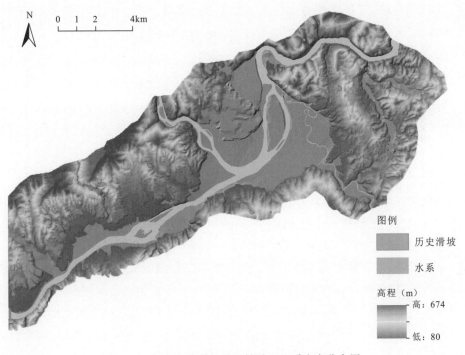

图 8-6　湖南省慈利县零阳镇城区地质灾害分布图

8.2.2.1　时间发育规律

该地区地质灾害具有雨季集中频发性。由于降雨影响,该地区滑坡主要分布在 6—7 月,具体发育时间统计如表 8-10 所示。

表 8-10　湖南省慈利县零阳镇城区滑坡发育时间统计表

发生月份	4 月	5 月	6 月	7 月	其他
数量(处)	1	2	3	7	3
百分比(%)	6.25	12.5	18.75	43.75	18.75
体积(万 m³)	12.80	2.99	4.40	26.46	28.46

8.2.2.2　空间分布规律

地质灾害发育主要受本身地质环境条件及诱发因素综合控制,本身地质环境条件为地形地貌、地质构造、岩土体结构类型等,诱发因素包括降雨、地震、河流侵蚀、人类工程活动等。

慈利县滑坡灾害的规模中等,未出现特大规模滑坡,在空间上滑坡灾害整体呈现北多南少、东部集中带状分布、西部较为分散的特点。滑坡灾害沿河流沟谷呈带状分布,尤其是澧水、溇水沿岸的碎屑岩地层受到流水侵蚀后斜坡易失稳,因此河流沿岸沟谷分布较多。此外,慈利县滑坡灾害的分布与人类工程活动有显著联系,常张高速、国道 353、焦柳铁路沿线有大量滑坡灾害分布。区域内地表起伏较大,修建公路、铁路时需要大量开挖土方,而斜坡坡脚被开挖后原有应力平衡被打破,同时开挖土方破坏地表植被,改变水文地质环境,因此公路、铁路两侧滑坡灾害分布较多。

在时间上,慈利县 2002 年以前有记录的滑坡 52 处,在 2002—2018 年间共发生滑坡 7 处,分别是胡家湾滑坡、女儿峪滑坡、伍家湾滑坡、零阳镇大星组滑坡、狮子岩滑坡、原厂村 2 组滑坡和笔架山 5 组滑坡,滑坡灾害规模以中小型为主,规模最大的为笔架山 5 组滑坡。新生滑坡主要分布在高程 170~230m 区域,除胡家湾滑坡、女儿峪滑坡和伍家湾滑坡外,其他新生滑坡均远离水系控制。慈利县 2002—2018 年无明显地质构造活动,在断层控制区域无新生滑坡发生。新生滑坡斜坡结构以横向坡和斜向坡为主,岩性为层状碳酸盐岩和层状碎屑岩,新生滑坡在县内各个区域均有发生,无明显聚集现象。

8.3　城镇尺度地质灾害风险评估

8.3.1　斜坡单元划分

对于区域地质灾害风险评估而言,单元划分是技术上的第一步。该研究区使用到的评价单元主要有栅格单元和斜坡单元。栅格单元是将全区以 10m×10m 的栅格划分而成的评价单元。斜坡单元是通过盆域分析法,根据该地区的地形地貌划分而成的评价单元。在滑坡易发性评价中,以栅格单元为基础,选取致灾因子并进行基于栅格单元的计算。在此基础之上,将栅格单元评价结果转化为斜坡单元表达。在后续的评价中,如危险性、风险和防控措施建议中均以斜坡单元进行评价。

利用慈利县零阳镇地形线提取山谷山脊线、山体阴影和坡度坡向图,根据上述斜坡单元划分方法,结合野外调查验证,完成研究区共 5 564 个自然斜坡单元的划分,划分结果如图 8-7 所示。

8.3.2　地质灾害易发性评价

大比例尺小范围集镇地质灾害调查面临样本不充足的问题。因此,选用易发性模型时,要注意模型的适用条件。一般来说,统计模型适用于大样本预测,而范围小、样本少的情况,研究人员需要进行物理

（a）叠加无人机航拍影像　　　　　　　　　（b）叠加数字高程模型DEM

图8-7　湖南省慈利县零阳镇局部斜坡单元划分结果图

力学模型分析计算,根据评价单元内岩土体参数、降雨量、初始地下水位埋深的情况等分析斜坡的稳定性进而实现易发性评价。结合慈利县地质灾害以小型、浅层降雨滑坡为主的特点,选用TRIGRS模型进行易发性评价。该模型原理见附录C。

1）参数确定及假定

TRIGRS模型所需输入的参数较多,主要包括模型控制参数、力学与水文参数、降雨参数、堆积层厚度等。

（1）模型的控制参数。模型的控制参数包括模型的栅格尺寸、行数、列数、分区、地表径流流向等。利用GIS软件的空间分析功能对研究区的DEM模型进行处理可以得到这些参数。通过ArcGIS软件的计算,得出零阳镇研究区模型的控制参数,栅格尺寸为10m×10m,行数为1 403,列数为1 993。

（2）力学与水文参数。力学与水文参数主要包括土的黏聚力（c）、内摩擦角（φ）、水的容重（γ_w）、土的容重（γ_s）、水力扩散系数（D_0）、饱和渗透系数（K_z）等。其中,渗透系数、土壤饱和体积含水量、土壤残余体积含水量和毛细层提升高度来自于经验取值。

在零阳镇研究区采取原状样品,于中国地质大学（武汉）教育部长江三峡库区地质灾害研究中心进行试验。由于地质环境和岩土体应力历史等方面存在差异,导致试验结果存在变异性,故对其进行分析处理,得到平均值和标准差,部分实验参数如表8-11所示。

表8-11　湖南省慈利县零阳镇岩土体参数表

天然含水量（%）	天然重度（kN/m³）	密度（g/cm³）	渗透系数（m/s）	抗剪强度（直接剪切）			
				快剪		固结快剪	
				c(kPa)	φ(°)	c(kPa)	φ(°)
21.96	20.15	2.83	3.6×10⁻⁶	22.55	19.25	23.69	20.34

渗透系数来自试验数据,为3.6×10^{-6}m/s,水力扩散系数取饱和渗透系数的100倍,即水力扩散系数为3.6×10^{-4}m²/s。

2）地形地貌因子

（1）坡度。零阳镇城区地势平缓,滑坡大多发育在中等坡度地区,而在坡度为70°左右的地区滑坡极少发生,城区坡度分布如图8-8所示。

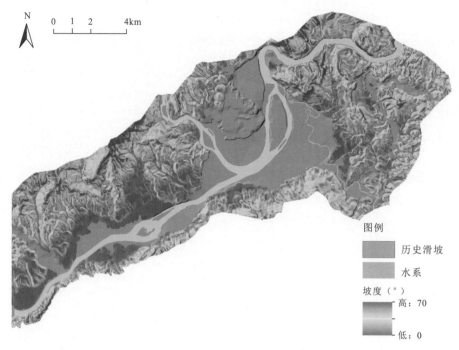

图 8-8　湖南省慈利县零阳镇城区坡度分布图

（2）流向。在 ArcGIS 软件中，流向分为八流向（图 8-9）。若中间灰色区域的水量增多，流向用代号表示，如向正东方向流，那么流向的代号为 1。在该软件中流向分析是水文分析工具的基础，基于 D8 单流向算法，如果分析使用的 DEM 数据存在凹陷点，就会产生汇流，导致径流断流从而影响分析结果。因此流向分析要使用填洼过的数据，确保 DEM 数据没有凹陷点。如果数据准备妥当，直接使用水文分析工具箱中的流向进行计算，得到其流向分布图（图 8-10）。

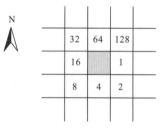

图 8-9　八流向代号示意图

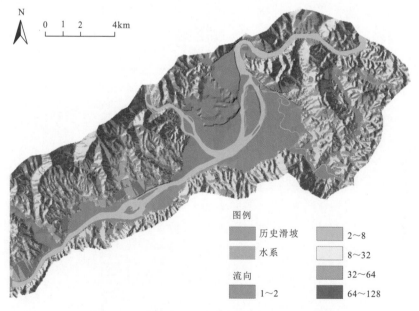

图 8-10　湖南省慈利县零阳镇城区流向分布图

（3）堆积层厚度。由于勘察点及钻孔的样本数量有限，采用最大似然估计方法进行分析未知区域堆积层厚度。选取 6 个因子进行最大似然估计方法的计算，分别为高程、坡度、坡向、地层、平均曲率和地形湿度指数，计算得到其堆积物厚度分区图（图 8-11）。

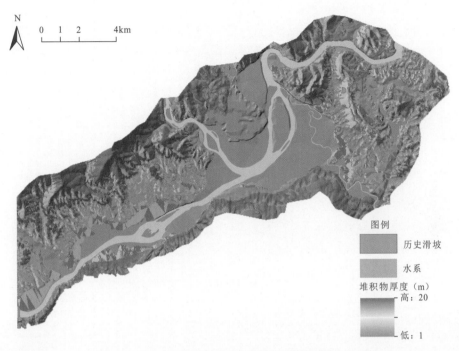

图 8-11　湖南省慈利县零阳镇城区堆积物厚度分区图

（4）初始地下水位埋深。与计算堆积层厚度原理相似，地下水位埋深由最大似然估计方法计算得到（图 8-12）。

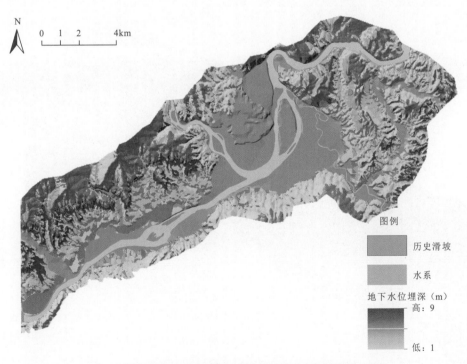

图 8-12　湖南省慈利县零阳镇城区地下水位埋深分区图

3)降雨强度计算

降雨强度是分析降雨型滑坡的重要数据,也是 TRIGRS 模型中的重要输入参数。降雨型滑坡的发生和复活与雨型、雨强及降雨历时等因素有关,需通过对研究区地质灾害数据库与降雨因子进行相关性分析,得出该地区与滑坡最相关的降雨量值。

极端降雨是诱发灾害产生的主要降雨事件。为了探求降雨型滑坡发生的概率,必须找出与滑坡发生相关的极值降雨分布。可采用指数分布类型的 Gumbel 模型,具体原理和计算方法见附录 E。

通过对水文站的统计数据进行分析,计算得到不同重现期下的降雨极值作为此次的降雨参数(表8－12)。

表 8－12　湖南省慈利县不同重现期 3 日累计降雨量表

重现期(年)	10	20	50	100
极值降雨量(mm)	279	330	395	445

基于上文介绍的模型参数以及确定的各工况,开展湖南省张家界市慈利县零阳镇滑坡稳定性评价。根据滑坡稳定性评价结果划分不同的易发性等级,其中易发性等级划分标准如表 8－13 所示,慈利县零阳镇滑坡灾害易发性分区如图 8－13 所示。

表 8－13　湖南省慈利县零阳镇滑坡易发性分级标准表

分级序号	稳定性系数分级指标	易发性等级
1	$F_s \leqslant 0.8$	极高
2	$0.8 < F_s \leqslant 1.0$	高
3	$1.0 < F_s \leqslant 1.25$	中
4	$1.25 < F_s \leqslant 1.5$	低
5	$F_s > 1.5$	极低

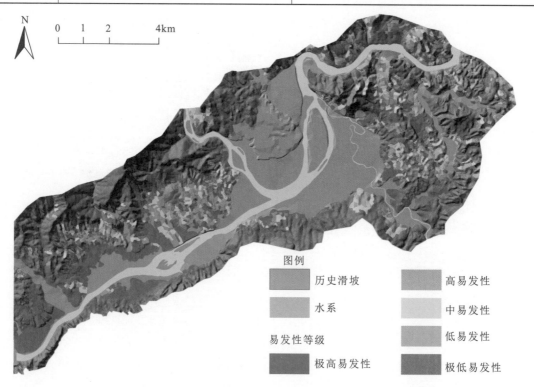

图 8－13　湖南省慈利县零阳镇滑坡灾害易发性分区图(100 年一遇极值降雨工况)

　　根据现场踏勘的 30 个斜坡，针对 TRIGRS 模型计算的结果进行精度分析对比。野外踏勘的评价等级分为不稳定、潜在不稳定、基本稳定和稳定 4 个类型。因为一个斜坡包括若干栅格或者斜坡单元，那么也包含不同易发性级别的易发性分区。所以，需要计算每一个斜坡不同易发性分级的面积占比情况，从而验证易发性结果。

　　根据 TRIGRS 模型野外踏勘精度验证统计表（表8-14）和野外踏勘斜坡预测稳定性评价可知，TRIGRS 模型计算出的 100 年一遇的极值降雨工况的易发性结果总体精度较好，但是部分斜坡的预测率较低。先从地质背景等角度进行野外踏勘的精度验证来分析。

表 8-14　湖南省慈利县零阳镇 TRIGRS 模型野外踏勘精度验证统计表

斜坡编号	栅格数目	面积占比					预测率（%）	斜坡预测评价等级（趋势稳定性）
		极高	高	中	低	极低		
12	1 188	0.41	0.14	0.13	0.10	0.23	55	不稳定
21	661	0.17	0.23	0.19	0.09	0.32	40	不稳定
22	1 468	0.17	0.23	0.12	0.09	0.39	40	不稳定
23	1 427	0.34	0.21	0.10	0.04	0.32	54	不稳定
24	1 525	0.26	0.09	0.13	0.06	0.46	35	不稳定
27	2 306	0.68	0.15	0.03	0.02	0.11	83	不稳定
13	389	0.46	0.16	0.18	0.15	0.05	80	潜在不稳定
14	341	0.62	0.15	0.05	0.04	0.14	82	潜在不稳定
25	2 164	0.28	0.04	0.04	0.03	0.62	36	潜在不稳定
28	2 421	0.17	0.14	0.20	0.09	0.40	52	潜在不稳定
30	846	0.06	0.06	0.06	0.07	0.75	17	潜在不稳定
1	2 253	0	0	0	0	1.00	100	基本稳定
3	1 678	0	0	0	0	1.00	100	基本稳定
4	3 340	0	0.02	0.02	0.07	0.89	96	基本稳定
5	860	0	0	0.05	0	0.95	95	基本稳定
7	1 049	0	0	0	0	1.00	100	基本稳定
8	641	0	0	0	0	1.00	100	基本稳定
9	1 370	0	0	0	0	1.00	100	基本稳定
11	1 802	0	0	0	0.06	0.94	100	基本稳定
16	461	0.59	0.18	0.14	0.07	0.03	10	基本稳定
19	423	0.04	0.04	0.03	0.19	0.70	89	基本稳定
26	847	0.18	0.04	0.03	0.12	0.64	75	基本稳定
29	3 417	0.20	0.12	0.13	0.10	0.46	55	基本稳定
6	1 454	0.02	0.01	0.01	0.14	0.83	96	稳定
10	1 671	0.02	0.09	0.08	0.03	0.79	82	稳定

续表 8 - 14

斜坡编号	栅格数目	面积占比					预测率（％）	斜坡预测评价等级（趋势稳定性）
		极高	高	中	低	极低		
15	1 026	0.31	0.29	0.18	0.12	0.10	22	稳定
17	646	0.01	0.03	0.18	0.13	0.65	78	稳定
20	602	0	0	0.05	0.16	0.79	95	稳定

注：不稳定斜坡预测率＝（极高易发性面积＋高易发性面积）/该斜坡总面积；潜在不稳定斜坡预测率＝（极高易发性面积＋高易发性面积＋中易发性面积）/该斜坡总面积；稳定与基本稳定斜坡预测率＝（低易发性面积＋极低易发性面积）/该斜坡总面积。

通过将 TRIGRS 模型计算的易发性结果与野外踏勘的预测评价等级进行比较，分析斜坡易发性预测率较低的原因。斜坡 2 号中，野外预测稳定性判断为潜在不稳定，分析原因如下：斜坡位于零阳镇城区东南，为一岩土混合顺向伏倾坡。基岩主要为下奥陶统红花园组第一段泥质页岩、第二段灰岩及大湾组的生物泥晶灰岩。斜坡前缘建房与修路切坡形成了临空面，斜坡下部发育滑坡隐患点及多处塌滑点，该斜坡目前处于潜在不稳定状态。影响因素为降雨及人工切坡等，发展趋势为潜在不稳定。斜坡 16 号中，野外预测稳定性判断为基本稳定，分析原因如下：斜坡位于慈利县零阳镇城区西部永安村 S306 省道沿线，为岩质顺向坡，基岩为中白垩统漆家河组第一段中厚层状紫红色泥质粉砂岩夹砾岩。S306 省道通过斜坡，坡面无建筑区，人为改造程度轻，植被覆盖率 75％，目前斜坡尚未发育较为明显的地质灾害现象，仅斜坡以南可见一处小型滑塌，未造成危害。目前斜坡处于基本稳定状态，发展趋势为基本稳定。斜坡 15 号中，野外预测稳定性判断为稳定，分析原因如下：斜坡位于慈利县零阳镇城区西部永安村 S306 省道沿线，为岩质伏倾坡，基岩为中白垩统漆家河组第一段中厚层状紫红色泥质粉砂岩夹砾岩。斜坡坡脚民房集中，S306 省道通过，目前斜坡尚未发育较为明显的地质灾害现象，整体处于稳定状态。斜坡 24 号中，野外预测稳定性判断为不稳定，分析原因如下：斜坡位于慈利县零阳镇城区北部龙峰村澧水右岸，为岩质逆向坡。岩层主要出露中志留统灰绿—黄绿色薄层、中层状泥质粉砂岩夹粉砂质页岩。坡体上发育龙峰村 1 组滑坡，为岩土混合型滑坡，发生过小型滑动，破坏坡下的一栋房屋，目前斜坡体处于不稳定状态，强降雨条件下斜坡体存在再次发生滑动的可能。

8.3.3 地质灾害危险性评价

8.3.3.1 地质灾害危险概率分析

地质灾害危险性评价的目的是知晓灾害在外界诱因条件下发生的可能性，描述其具体位置、规模、强度和影响范围等。根据慈利县零阳镇地质灾害形成的主要外因条件，依托前述易发性分析成果，在统计历史滑坡空间和时间规律的基础上，实现研究区地质灾害危险性 $P(H_L)$、威胁范围和等级评价的计算。危险性 $P(H_L)$ 计算公式为：

$$P(H_L) = P(A_L) \times P(N_L) \times P(S) \tag{8-1}$$

式中：$P(A_L)$ 为滑坡规模大小的超越概率；$P(N_L)$ 为时间概率，指不同重现期滑坡发生的超越概率；$P(S)$ 为空间概率，由前述易发性大小决定，由易发性结果值归一化至 [0,1] 区间。

1）计算 $P(A_L)$

统计慈利县的历史滑坡面积与体积数据，拟合得到滑坡体积与其面积的关系式如下（称之为 V - S 公式）：

$$V = 4.46 \times S^{0.76} \tag{8-2}$$

$V-S$ 公式可根据研究区内划分的每一个斜坡单元的面积计算出其相应的体积。观察武陵山区(慈利、古丈、桑植等地)历史滑坡的体积大小(即方量),该区域历史滑坡集中分布的体积值集中在 1 万 m³ (对应 0.14 万 m²),如图 8-14 所示。

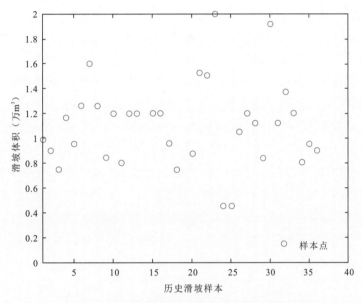

图 8-14　湖南省慈利县零阳镇历史滑坡体积分布图

斜坡规模大小的超越概率为:

$$\begin{cases} P(A_{\rm L}) = \dfrac{1}{1 + a_1 \times 0.14^{2a_2}}, & 斜坡面积 > 0.14 \ 万 \ {\rm m}^2 \\ P(A_{\rm L}) = 0, & 斜坡面积 < 0.14 \ 万 \ {\rm m}^2 \end{cases} \tag{8-3}$$

对于慈利县零阳镇地区,经过对滑坡数据的数理统计等相关分析,式中参数 a_1 和 a_2 分别设置为 1.9 和 0.32。

2)计算 $P(N_{\rm L})$

在不同重现期下计算 $P(N_{\rm L})$,利用如下公式:

$$\begin{cases} P(N_{\rm L}) = 1 - {\rm e}^{-\frac{T}{RI}} \\ RI = \dfrac{t}{N} \end{cases} \tag{8-4}$$

式中:T 为重现期,这里为 10 年、20 年、50 年、100 年;e 为自然对数;t 为研究区内最新历史滑坡和最老历史滑坡的年份之差,或者是某评价单元内发生灾害的首次和末次时间差,本评价区域内滑坡发生的末次和首次时间分别为 2015 年和 1991 年,故 $t=25$;N 为斜坡单元内发生滑坡的个数,若重现期为 10 年和 20 年,则 N 等于历史滑坡加上极高易发区斜坡个数,若重现期为 50 年和 100 年,则 N 等于历史滑坡加上极高易发区和高易发区斜坡个数。

3)计算 $P(H_{\rm L})$

以此制作出慈利县零阳镇不同重现期下滑坡灾害危险性分区图。

8.3.3.2　地质灾害强度分析

地质灾害的强度包括灾害的运动范围、运动速度、堆积物厚度等。区域尺度的滑坡运动分析方法目前应用不够普通和成熟,案例采用 Tsunami Squares 方法进行模拟(方法见附录 J.2.3)。

TS输入的参数为高程信息、堆积物厚度、斜坡单元边界和斜坡单元编号等数据。在危险性分析中，已经计算了堆积物的厚度，高程信息由数字高程模型获取。此外，TS还需要输入与运动有关的动摩擦系数和休止角。休止角主要来源于研究区历史滑坡的经验取值，根据不同斜坡单元，本研究案例在15°～20°之间取值。

3)零阳镇城区滑坡灾害强度评价

滑坡灾害强度作为易损性分析中的重要组成部分，是描述滑坡破坏性程度的系列空间分布参数的函数，因而是评价滑坡对承灾体综合破坏能力的度量指标。从国外滑坡风险评估研究的文献来看，应将滑坡各项属性纳入到滑坡强度评价指标体系中，一般包括滑坡类型特征（岩质、土质等）、滑坡规模特征（滑坡面积、体积、厚度等）、滑坡运动特征（滑移速度、滑动距离等）等指标。目前，国内外区域滑坡强度定量化评价研究还不够成熟，还没有较为明确的区域滑坡强度分级标准问世，但许多学者在单体滑坡强度研究方面提出了一些可为区域滑坡强度分析提供借鉴和参考的经验公式与统计计算模型。

根据地形起伏情况、第四系堆积物等，采用TS模拟手段，得到滑坡体的厚度和覆盖影响范围。分析表明，当降雨重现期为50年，慈利县零阳镇笔架山等地的不稳定斜坡易失稳形成滑坡，滑体堆积厚度主要集中在1～3m，影响范围较大，对建筑物的破坏较大。随着重现期的增大，滑坡灾害在空间上扩大至环城乡、木鱼沟水库等地。湖南省慈利县零阳镇不同降雨重现期城区滑坡堆积物厚度影响范围变化如图8-15所示。

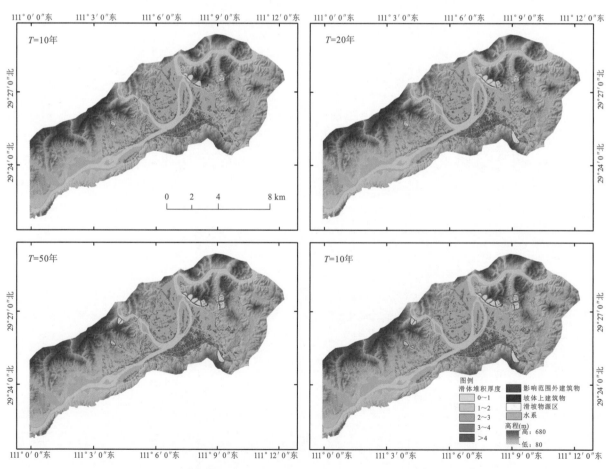

图8-15　湖南省慈利县零阳镇不同降雨重现期城区滑坡堆积物厚度及影响范围变化图

8.3.3.3 地质灾害危险性评价

综合地质灾害危险性概率和强度评价结论,实现区域地质灾害危险性评价。面向斜坡灾害危险性区划为目标的评估,可通过构建发生概率-强度矩阵,实现斜坡危险性等级划分。危险性等级的灾害强度与概率矩阵前文已描述,详见图4-3。

根据危险性概率和滑坡运动强度,得出如图8-16所示的地质灾害危险性分区图。零阳镇城区危险性较大的区域主要集中在环城乡乡政府、木鱼沟水库附近,主要因这一带堆积物较多,有充足的滑坡物源,在连续降雨或者暴雨的情况下斜坡稳定性较差。中危险性区域主要分布在蒋家山,低危险性区域主要集中在笔架山一带。随着重现期的增长,危险性在空间分布上逐渐扩大,由环城乡乡政府、木鱼沟水库向慈利火车站、狮子岩、蒋家山一带扩大;危险性的等级也逐步提升,由原来的中危险性提升至较高危险性,甚至高危险性。

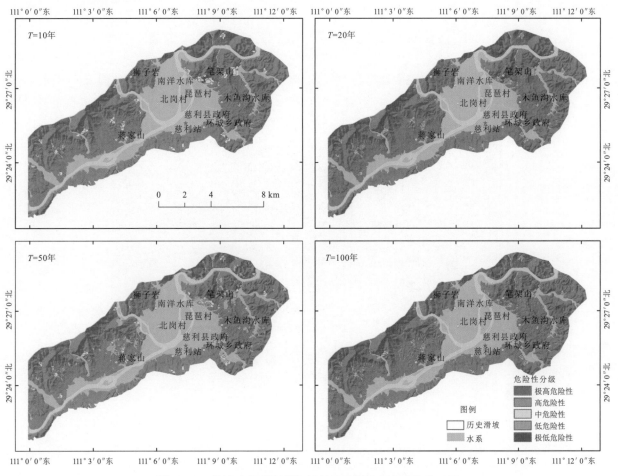

图8-16 湖南省慈利县零阳镇城区地质灾害危险性分区图
(危险概率叠加滑动范围)

8.3.4 承灾体易损性评价

易损性定义为特定强度的滑坡灾害作用于承灾体上,承灾体所可能受到的损失程度,包括两个方面的内容:承灾体自身的脆弱性和滑坡的强度。

但是,在承灾体信息的提取中,有以下常见问题:①缺失建筑物属性数据,如建筑物的实际层数与高度;②缺失人口属性数据,如人口的年龄分布和不同建筑物中人口的居住情况等。因此,本研究案例拟采用半定量的方式解决后续易损性的计算问题。

8.3.4.1　承灾体属性特点

根据慈利县零阳镇的土地利用以及人口分布等数据,将零阳镇的承灾体归纳为人口承灾体与经济承灾体两大类。经济承灾体主要考虑居民建筑物分布,而人口承灾体主要考虑静态下的人员分布。经济类承灾体的价值参考当地物价局标准,土建每平方米造价按照 2013 年湖南省各地市城市住宅建筑工程价格,室内财产以调查为准,湖南省慈利县零阳镇滑坡范围内建筑物承灾体价值如表 8 - 15 所示。

表 8 - 15　湖南省慈利县零阳镇滑坡范围内建筑物承灾体价值表

承灾体类型	单位	单价(万元)
钢混	m²	0.133
砖混	m²	0.08
砖木	m²	0.04

通过上述调查方法对研究区承灾体进行调查,以湖南省慈利县笔架山地区为例如图 8 - 17 所示,该斜坡上共有房屋 6 栋,每栋房屋对应人口数目、室内财产、层数、栋数、结构类型和用途等详细信息以表 8 - 16 的形式记录下来。

图 8 - 17　湖南省慈利县笔架山 5 组滑坡承灾体调查示意图

表 8 - 16　湖南省慈利县笔架山 5 组滑坡承灾体调查表

编号	总人口(人)	室内财产(万元)	层数(层)	栋数	承灾体类型	用途
1	2	2	2	1	砖混	住宅
2	2	4	3	2	砖混	住宅
3	3	3	3	2	砖混	住宅
4	2	2	2	1	砖混	住宅
5	6	8	5	3	砖混	住宅
6	4	5	4	2	砖混	住宅

8.3.4.2 建筑物易损性评价

在建筑物易损性的评价中,需要考虑到的参数包括潜在斜坡失稳的致灾强度和建筑物本身的抗灾属性。将研究区的建筑物分为坡体上的建筑物和滑坡影响范围内的建筑物。对于坡体上的建筑物,其易损性赋值为1.0;对于滑坡影响范围内的建筑物,根据滑坡堆积物厚度的易损性关系,可以解决本研究案例中未在斜坡上但受到斜坡失稳影响的建筑物的易损性量化问题。也就是根据8.3.3.2节所得滑坡的影响范围和滑坡堆积物厚度对研究的建筑物进行易损性评价,计算公式如下:

$$
\begin{cases}
V = \dfrac{1.49 \times (h/2.513)^{1.938}}{1 + (h/2.513)^{1.938}}, & h \leqslant 3.63\text{m} \\
V = 1, & h > 3.63\text{m}
\end{cases}
\tag{8-5}
$$

式中:V 为易损性;h 为滑坡运动模拟的堆积物的厚度。

根据上述计算方案,可以得到湖南省慈利县零阳镇不同降雨重现期建筑物易损性分区,如图8-18所示为50年降雨重现期零阳镇建筑物易损性分区情况。

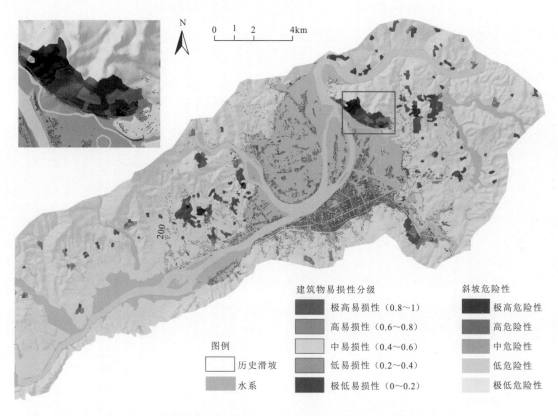

图8-18 湖南省慈利县零阳镇50年降雨重现期建筑物易损性分区图

8.3.4.3 人口易损性评价

本研究案例评估对象仅考虑室内静态人口的风险,位于室外以及交通要道的人口风险不在评估范围内。由于室内人口易损性与建筑物的破坏程度直接相关,参考前人研究成果,通过室内人口易损性与建筑物易损性之间的对应关系实现本研究案例中人口易损性的计算(图8-19)。滑体上人口易损性统一赋值为1.0;室内人口易损性 $V_{p\text{-}s}$ 为:

$$
V_{p\text{-}s} = 0.001\,4 \times e^{6.07V_s}
\tag{8-6}
$$

式中:V_s 为建筑物易损性;e为自然对数。

经计算湖南省慈利县零阳镇50年降雨重现期人口易损性分区如图8-20所示。

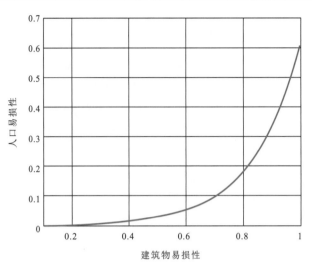

图 8 - 19　室内人口易损性与建筑物易损性关系曲线图

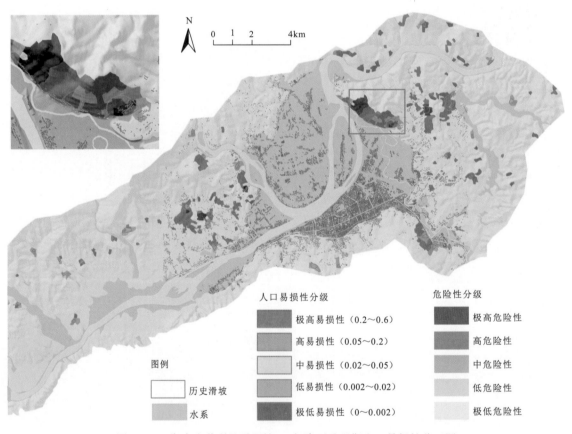

图 8 - 20　湖南省慈利县零阳镇 50 年降雨重现期人口易损性分区图

8.3.5　地质灾害风险评价

地质灾害风险可定义为危险性（Hazard）、易损性（Vulnerability）与承灾体数量或价值（Elements at Risk）三者的乘积,在前述灾害危险性分析、承灾体易损性分析以及承灾体数量或价值分析等成果的基础上,利用地质灾害风险评估模型可计算得到地质灾害经济与人口风险,计算公式如式（4 - 8）所示。

8.3.5.1　建筑物风险评价

基于 ArcGIS 中的地图代数工具，从风险的计算公式可以得到慈利县零阳镇城区分别在未来 10 年、20 年、50 年和 100 年降雨重现期条件下，滑坡灾害引起的建筑物经济风险空间分区。评价数据包括不同重现期条件下危险性分区图、建筑物空间分布与属性库、地方经济数据等。经济风险值对应重现期下灾害发生的危险概率、建筑物易损性及其经济价值的乘积，不包括室内财产损失和间接经济损失。其中，受威胁的建筑物包括处于滑坡体上和滑坡失稳后运动范围内的两部分。

为了使图件可视化特征明显，最终定量结果以分级形式表示。结果表明，研究区未来 10 年内因滑坡灾害引起的经济风险最高值达 1 000 万元，主要分布在城市建设区附近的山体上；随着重现期的增长，灾害经济风险值逐渐提升，空间范围扩大至笔架山等地。不同降雨重现期慈利县零阳镇潜在经济损失及经济风险分区如表 8-17 和图 8-21 所示。

表 8-17　湖南省慈利县零阳镇不同降雨重现期潜在经济损失统计表

重现期	10 年	20 年	50 年	100 年
经济风险（万元）	2 009	2 976	9 409	15 069

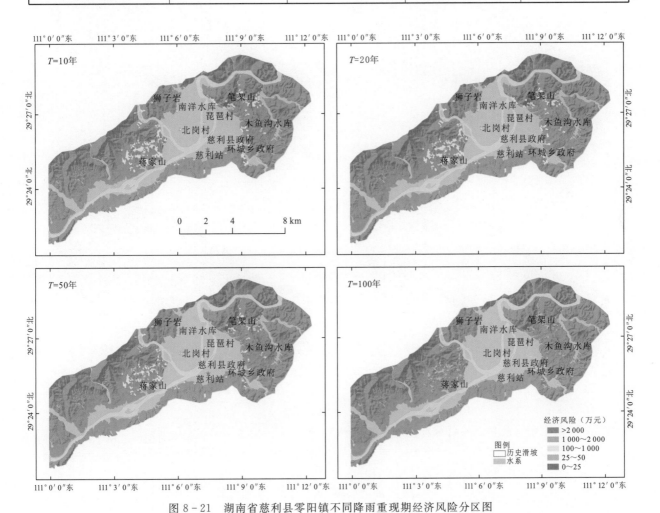

图 8-21　湖南省慈利县零阳镇不同降雨重现期经济风险分区图

8.3.5.2　人口风险评价

人口数量为静态数据,参考了 2013 年湖南省各地级市城市住宅建筑工程价格和 2010 年慈利县零阳镇人口普查数据,未考虑未来城市建设和经济发展引起的数据变化。

慈利县零阳镇未来 10 年内因滑坡灾害受到威胁的人口为 2 656 人,主要为分布于城市建设区附近山体的居民;随着重现期的增长,受到灾害威胁人口提升至 1 万多人,空间范围进一步扩大至笔架山等地。湖南省慈利县零阳镇不同降雨重现期潜在人口损失与人口风险分区如表 8-18 和图 8-22 所示。

表 8-18　湖南省慈利县零阳镇不同降雨重现期潜在人口损失统计表

重现期	10 年	20 年	50 年	100 年
人口风险(人)	2 915	4 366	13 961	22 517

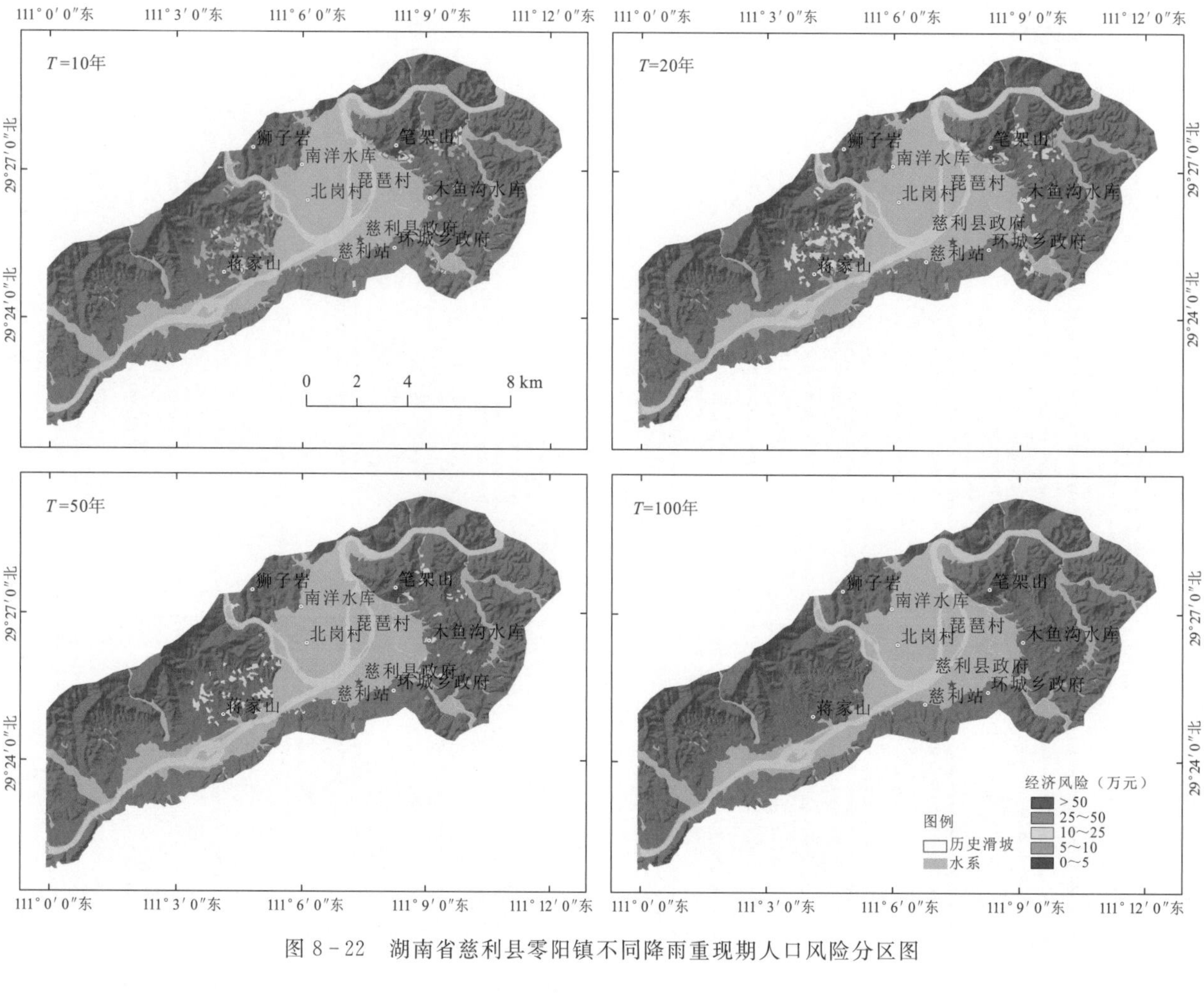

图 8-22　湖南省慈利县零阳镇不同降雨重现期人口风险分区图

8.3.5.3　地质灾害平均年风险分析

根据慈利县零阳镇不同降雨重现期的经济风险、人口风险分别计算得出年经济平均风险和年人口平均风险。降雨重现期为 10 年时,经济风险大于 1 000 万元;随着降雨重现期增长,为 100 年时,经济风险上升到 1 亿元。根据 10 年、20 年、50 年和 100 年降雨重现期下滑坡损失值与降雨年超越概率的关系,建立财产总风险与降雨年超越概率的关系曲线。通过不同降雨重现期经济风险曲线图,计算曲线下方的积分面积,得到滑坡经济风险值为415万元/年(图8-23)。

同理可以计算人口风险。降雨重现期为10年时,人口风险大于1 000人;随着降雨重现期增长,为100年时,人口风险上升到1万人。根据10年、20年、50年和100年降雨重现期下滑坡损失值与降雨年超越概率的关系,建立年均人口总风险与降雨年超越概率的关系曲线。滑坡威胁下的人口风险值为1 431人/年(图8-24)。

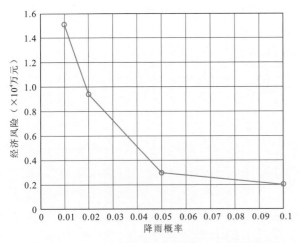

图8-23　湖南省慈利县零阳镇不同降雨重现期
经济风险曲线图

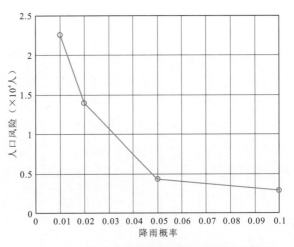

图8-24　湖南省慈利县零阳镇不同降雨重现期
人口风险曲线图

8.3.5.4　地质灾害风险容许标准与风险评估

在地质灾害风险容许标准和风险评估中,制定个人风险标准需要考虑的因素有详细的阐述:①我国的个人风险标准要从世界其他国家标准、其他不同领域的常见风险水平两方面综合考虑。②个人承受风险的自愿程度。因为一般情况下,人们对于自己主动参与的活动容忍程度相对较高,而对被动的非自愿性参与的活动,因为本身并没有选择的主动性和积极性,所以容忍度相对较低。③技术风险的考量。比如,人们对于自然原因造成的个人风险容忍度要大于由于人为原因造成的风险。由于大型工程建设之前,都是经过严格的安全性评估和风险评估,因此公众对此类大型工程的风险容忍程度往往较高,但还是存在一定的承受极限。④可实现性的分析。由于地质条件的复杂性和很多不确定因素的不可预见性,如果个人风险接受准则的确定过于严格,政府或者投资者在风险缓解措施的实施过程中付出的成本过高,该准则将会难以实行。我国滑坡灾害风险接受曲线及个人风险接受标准值如图8-25和表8-19所示。

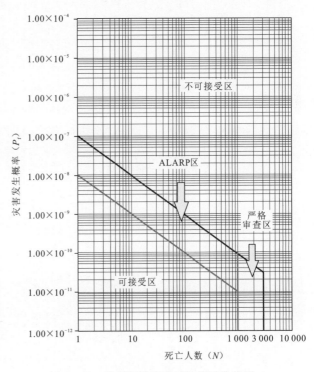

图8-25　我国滑坡灾害风险接受曲线图

表 8 - 19　滑坡灾害个人风险接受标准值表

类别	滑坡灾害
可接受风险标准(/年)	1×10^{-7}
可容忍风险标准(/年)	1×10^{-6}

根据不同降雨重现期下的受威胁人数,可计算潜在个人伤亡风险,计算结果如表 8 - 20 所示。

表 8 - 20　湖南省慈利县零阳镇不同降雨重现期下潜在个人伤亡风险表

重现期	10 年	20 年	50 年	100 年
受威胁人数(人)	23 184	27 029	30 812	38 820

由不同降雨重现期受滑坡灾害威胁人口曲线图(图 8 - 26),得到年平均受威胁人数为 17 136 人,而人口风险为 1 431 人/年。因此得到慈利县零阳镇城区的个人伤亡风险为 8.3×10^{-2}/年。

个人风险接受水平的判定中,由我国地质灾害个人风险标准可知,地质灾害可接受风险标准为 1×10^{-7}/年,可容忍风险标准为 1×10^{-6}/年。由慈利县零阳镇城区滑坡的风险评价结果可知,该地区滑坡的人口伤亡风险为 8.3×10^{-2}/年,大于个人风险可容忍标准值。

根据我国地质灾害社会风险接受标准,由湖南省慈利县零阳镇城区滑坡的风险评价结果可知,该地区滑坡的人口伤亡风险为 8.3×10^{-2}/年,远大于该曲线风险可接受的标准的最大值(1×10^{-7}),因此需要采取一定措施控制风险,或对滑坡进行预警预报,避免灾害发生时的人员生命财产损失。

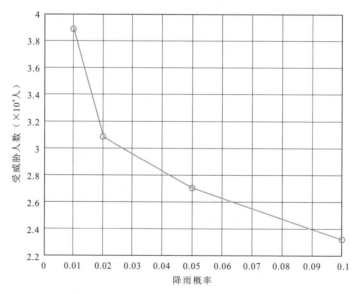

图 8 - 26　湖南省慈利县零阳镇不同降雨重现期受滑坡灾害威胁人口曲线图

8.3.6　城镇尺度地质灾害风险防控措施建议

灾害风险评估的目的之一,是提出科学、可行的风险防控措施建议。考虑灾害风险人口和经济损失值,结合当地政府部门的实际情况,分别对研究区内不同危险性等级的斜坡,采用矩阵叠加方式,制定风险防控措施原则。

　　风险防控措施主要包括群测群防、简易监测、专业监测、工程治理和搬迁避让等方式。综合考虑灾害体实际所处的地质、地理位置和风险量化结论，以采用多种防控方法相结合的形式控制风险。根据风险防控措施矩阵建议（表4-9），具有高级别危险概率的斜坡或具有高级别风险的斜坡，应实施工程治理方案；具有中等级别危险概率的斜坡或具有中等级别风险的斜坡，应实施治理、专业监测或群测群防综合方案。由此，以降雨重现期50年为例，参考本指南表4-9编制湖南省慈利县零阳镇城区地质灾害风险防控措施建议布置图（图8-27）。

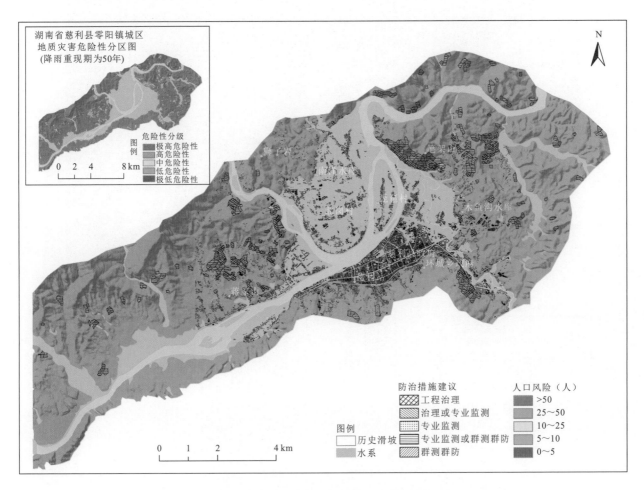

图8-27　湖南省慈利县零阳镇城区地质灾害防控措施建议布置图

8.4　慈利县龙峰村1组滑坡风险评估

8.4.1　滑坡基本特征

8.4.1.1　滑坡形态特征

　　龙峰村1组滑坡位于慈利县龙峰村零溪河右岸。该滑坡为一土质滑坡，平面形态呈半圆形，主滑方向210°～230°，纵长250m，横宽301m，面积约6.64万 m^2，厚约7m，体积约46.48万 m^3。滑坡纵剖面陡缓相间呈折线状，整体较陡，坡度35°～50°，局部60°；滑坡两侧均以宽缓山脊为界，后缘高程在250～

270m 一线,前缘高程约 88m,前缘建筑区建筑物密集,滑坡全貌及工程地质平面如图 8 - 28、图 8 - 29 所示。

图 8 - 28　湖南省慈利县龙峰村 1 组滑坡全貌图

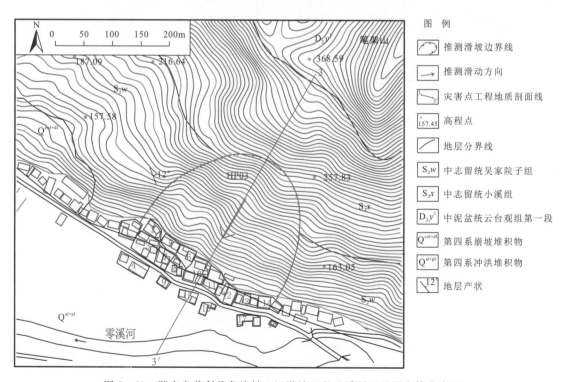

图 8 - 29　湖南省慈利县龙峰村 1 组滑坡工程地质平面及承灾体分布图

8.4.1.2 滑体物质组成及结构特征

滑体物质主要由粉质黏土夹碎块石组成,结构零乱,碎石含量较多,土石比 5∶5～6∶4,块石大小不一,块度为 10～50cm。滑床岩性为中志留统小溪组(S_2x)石英砂岩和中志留统吴家院子组(S_2w)泥质粉砂岩,基岩产状 60°∠12°。节理裂隙极度发育,测得两组节理裂隙:L1 产状 180°∠62°,3～5 条/m,较平直,无填充,闭合;L2 产状 280°∠62°,2～4 条/m,较平直,张开,泥质填充。滑坡剖面形态呈折线形,滑带土主要为含砾黏土,土质松散(图 8-30)。

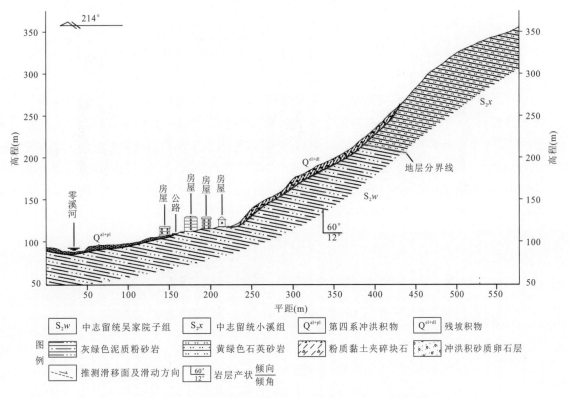

图 8-30 湖南省慈利县龙峰村 1 组滑坡工程地质剖面图

8.4.1.3 滑坡变形破坏特征

1998 年 7 月 5 日,龙峰村 1 组滑坡后缘出现拉张裂缝;2008 年 5 月 21 日,后缘危岩体有坠石现象,毁坏房屋 1 户 2 间,直接损失 4 万元,威胁人数 60 人,威胁财产 600 万元。滑坡整体坡度陡,受降雨影响,具季节性活动特点。目前滑坡处于潜在不稳定状态,发展趋势为不稳定。因滑坡区前缘居民区密集,人口居住集中,若发生整体滑移变形,危害巨大。

8.4.2 滑坡危险性分析

8.4.2.1 计算工况与计算参数

根据龙峰村 1 组滑坡的现场调查、稳定性现状与发展趋势及稳定性试算结果,计算模型采用实测 3—3′纵剖面作为稳定性计算剖面。根据滑坡荷载的不同组合工况,确定滑坡稳定性的计算工况如下。

（1）工况 1:自重(天然工况);

（2）工况 2:自重＋10 年一遇 3 日累计降雨;

（3）工况 3:自重＋20 年一遇 3 日累计降雨;

（4）工况 4：自重＋50 年一遇 3 日累计降雨。

根据室内剪切试验数据、反演分析成果并结合临近地区工程地质类比数据，最终确定滑坡稳定性计算参数的建议值（表 8－21）。

表 8－21　湖南省慈利县龙峰村 1 组滑坡稳定性计算参数建议值表

重度（kN/m³）	均值 c（kPa）	标准差	均值 φ（°）	标准差
天然	19.0	22.6	3.5	26.0	3.2
饱和	22.0	20.0	3.4	24.0	3.3

8.4.2.2　滑坡稳定性分析与破坏概率计算

龙峰村 1 组滑坡整体坡度陡，在滑坡勘探阶段钻孔内未见水，滑坡地下水的主要补给来源于大气降水。由于坡体内地下水排泄条件良好，暴雨工况滑坡储水性能差，本研究案例根据实际情况结合工程地质类比，将工况 4 滑坡地下水位设在坡体的 1/3 处。利用 Geostudio 软件 slope 模块对不同工况下滑坡的稳定系数和破坏概率进行计算。当滑坡处于天然工况，稳定系数为 1.115，破坏概率为 17.80%；在降雨工况下，稳定系数随着降雨量的不断增大而降低，破坏概率也随之不断增大。时间尺度越大的降雨重现期，滑坡的稳定系数迅速降低，破坏概率也随之迅速增大。表 8－22 展示了不同工况下滑坡稳定性系数和破坏概率，图 8－31 为滑坡的稳定性计算条块划分及稳定情况。

表 8－22　湖南省慈利县龙峰村 1 组不同工况下稳定系数与破坏概率表

计算结果	工况			
	工况 1	工况 2	工况 3	工况 4
稳定系数	1.115	1.089	1.006	0.900
破坏概率	17.80%	32.67%	51.26%	81.34%

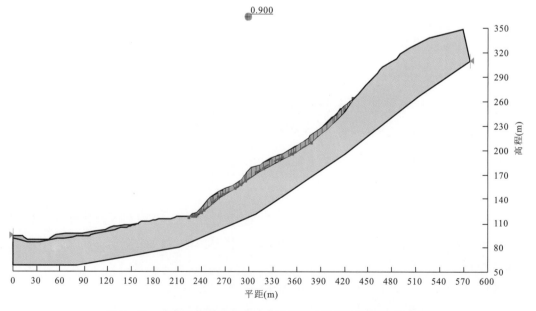

图 8－31　湖南省慈利县龙峰村 1 组工况 4 条件下稳定性状态图

8.4.3　承灾体易损性评价方法

8.4.3.1　滑坡运动过程计算

龙峰村 1 组滑坡坡度陡,在降雨条件下极易发生滑动。本研究案例综合考虑滑坡地质条件和地形地貌特征,以工况 4 为例,基于 Voellmy 模型采用 DAN3D 软件模拟滑坡运动过程,对龙峰村 1 组滑坡的运动过程进行分析,记录滑坡的运动轨迹及运动全程的速度和滑体厚度的变化,为滑坡灾害作用强度计算提供依据。

为更直观展示龙峰村 1 组滑坡运动过程,选取了多个时间点,借助 GIS 平台对滑体从启动到停止整个过程的运动位置和堆积厚度进行展示,对龙峰村 1 组滑坡两侧前缘、中部及后缘的点运动速度进行追踪,记录其速度随时间的变化过程。图 8-32 记录了 $T=2s$、$T=4s$、$T=8s$、$T=12s$、$T=16s$、$T=20s$ 六个不同时刻滑体运动轨迹和滑体物质堆积厚度变化情况,图 8-33 展示了滑坡从启动到结束整个运动过程滑体物质运移轨迹,图 8-34 展示了整个运动过程滑坡剖面前缘、中部和后缘的物质运动速度变化情况。

由图 8-33、图 8-34 展示的滑体运动位置与堆积厚度明显可看出,滑坡启动后速度大,滑体物质迅速从斜坡上搬运至坡脚堆积,当滑坡停止运动时,滑体物质大部分下滑至前缘堆积,滑床基本裸露。对比图 8-34 展示的滑体运动速度可以看出。滑体启动后速度急速上升,在 $T=7s$ 时,前缘、中部和后缘速度同时达到峰值,峰值速度分别为 11.59m/s、15.62m/s、14.85m/s。达到峰值之后,3 个部位运动速度均迅速下降,剖面后缘速度之后再度上升,中部速度最先下降至 0,$T=20s$ 之后滑体基本停止运动,前缘堆积厚度达到最大。

通常将滑坡体前缘速度减小为 0 作为滑坡运动时间的判断标准,模型中 $T=20s$ 之后滑坡前、中、后部均停止运动,滑动范围和滑体物质堆积厚度基本确定。此时选取工作区内不同部位截取横纵剖面,获得不同部位堆积体厚度,以确定滑体掩埋建筑物承灾体的程度,选取部位与相应堆积厚度如图 8-35 和图 8-36 所示。剖面 1—1′ 选取滑坡中部,最大的堆积厚度为 0.58m,说明原有滑体物质已经基本下滑,两侧滑床基本裸露;剖面 2—2′ 选取了滑坡坡脚第一排建筑物位置,最大堆积厚度为 9.85m;剖面 3—3′ 选取了滑体物质堆积厚度最大的位置,最大厚度达到了 10.31m;剖面 4—4′ 选取了滑坡纵剖面,从坡顶至坡脚展示了滑体堆积厚度。

8.5.3.2　承灾体特征分析

根据现场调查访问,龙峰村 1 组滑坡的威胁对象主要为滑坡前缘公路两侧的居民区,现场调查的内容主要涉及建筑物室内人员、室内财产、楼层数量和结构类型及用途等信息。对滑坡影响范围内的承灾体进行编号,统计的影响人数为 59 人,详细调查结果见表 8-23。

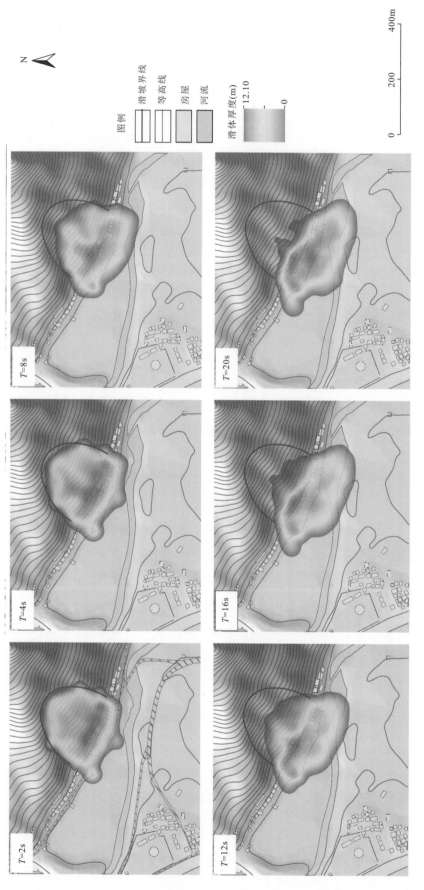

图 8 - 32 湖南省慈利县龙峰村 1 组滑坡运动过程记录图

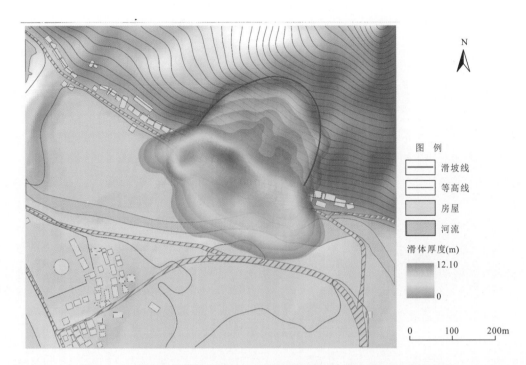

图 8-33　湖南省慈利县龙峰村 1 组滑坡开始滑动至停止滑动运动轨迹图

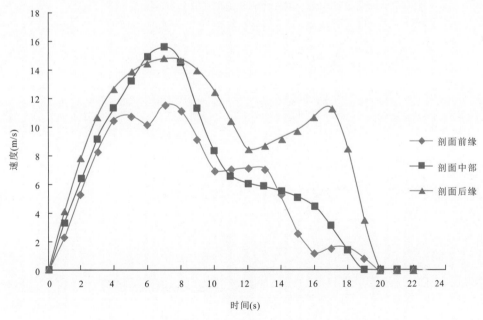

图 8-34　湖南省慈利县龙峰村 1 组滑坡运动速度记录图

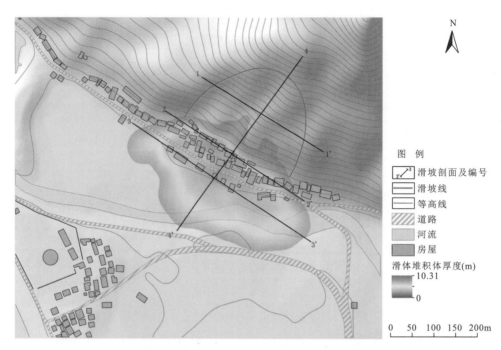

图 8-35　湖南省慈利县龙峰村 1 组滑坡不同部位滑体堆积厚度剖面选取示意图

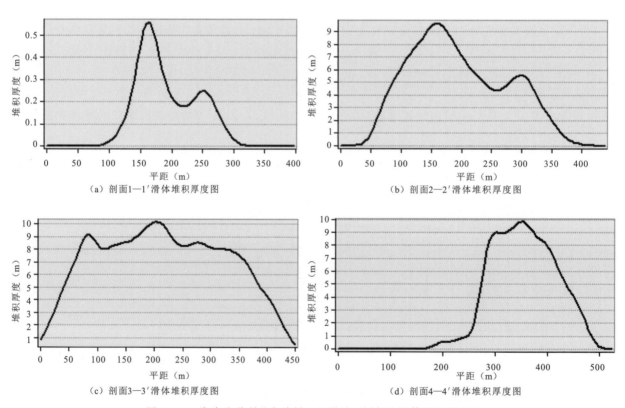

（a）剖面1—1′滑体堆积厚度图　　　　　　（b）剖面2—2′滑体堆积厚度图

（c）剖面3—3′滑体堆积厚度图　　　　　　（d）剖面4—4′滑体堆积厚度图

图 8-36　湖南省慈利县龙峰村 1 组滑坡不同部位滑体堆积厚度图

表 8 - 23　湖南省慈利县龙峰村 1 组滑坡影响范围内承灾体调查表

编号	总人口（人）	室内财产（万元）	层数（层）	栋数	结构类型	用途
1	3	2	2	4	砖混	住宅
2	2	2	2	3	砖混	住宅
3	5	5	6	5	砖混	住宅
4	5	5	6	2	砖混	住宅
5	4	3	3	2	砖混	住宅
6	3	5	4	2	砖混	住宅
7	5	4	3	3	砖混	住宅
8	1	2	2	3	砖混	住宅
9	2	2	2	1	砖混	住宅
10	5	3	6	5	砖混	住宅
11	2	1	1	3	砖混	住宅
12	6	3	5	3	砖混	住宅
13	6	3	6	3	砖混	住宅
14	4	3	4	3	砖混	住宅
15	2	1	1	2	砖混	住宅
16	2	1	2	2	砖混	住宅
17	1	1	1	2	砖混	住宅
18	1	1	1	1	砖混	住宅

注：表中编号表示建筑区划分。

承灾体价值参考当地物价局标准，土建每平方米造价按照 2013 年湖南省各地市城市住宅建筑工程价格，室内财产以调查为准，滑坡范围内经济类承灾体价值如表 8 - 24 所示。

表 8 - 24　湖南省慈利县龙峰村 1 组滑坡范围内经济类承灾体价值统计表

承灾体类型		单价
建筑类型	钢混	0.133 万元/m²
	砖混	0.08 万元/m²
	砖木	0.04 万元/m²
室内财产	城镇居民	调查为准
公路	县道	20 万元/km
土地	耕地	0.02 万元/m²

8.4.3.3 滑坡分区

根据滑坡地形地貌特征、滑坡滑移堆积特征、斜坡结构特征及承灾体分布特征，将滑坡影响范围分成 4 个区：其中滑坡体为 1 区，滑坡前缘至道路为 2 区，道路向南西影响范围内为 3 区，滑体前缘外扩影响区为 4 区，具体分区如图 8 - 37 所示。

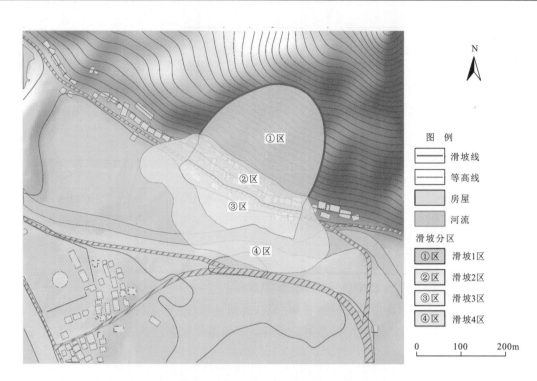

图 8-37　湖南省慈利县龙峰村 1 组滑坡影响范围分区示意图

8.4.3.4　建筑物易损性分析

1）承灾体脆弱性评价

在进行滑坡影响范围内建筑物承灾体易损性分析前,首先针对建筑物承灾体进行脆弱性评价。龙峰村 1 组滑坡位于慈利县交通干道一侧,前缘紧邻街道,居民区密集,斜坡体上无建筑物分布。前缘建筑物多为 3～6 层砖混结构,维护状况较好,滑坡作用力方向与建筑物轴向夹角可在上述滑坡运动计算中获得,建筑物多为民用住宅。对滑坡影响范围内建筑物的结构类型、维护状况、使用年限进行统计分析,可得工作区砖混建筑物脆弱性计算模型中关键指标的参考值,具体见表 8-25,通过本指南中的建筑物脆弱性评价模型可得建筑物的脆弱性值。

表 8-25　湖南省慈利县龙峰村 1 组滑坡建筑物承灾体脆弱性参考值表

结构类型	S_{str}	S_{mai}	S_{ser}
砖混结构	0.5	0.2	0.3

注:S_{str} 为建筑物的结构类型;S_{mai} 为建筑物维护状况;S_{ser} 为建筑物使用年限。

2）灾害作用强度评价

结合滑坡运动过程模拟计算结果,将龙峰村 1 组滑坡中部及两侧的最大速度作为计算值,分别计算得到运动滑体的冲击力,可获取滑坡失稳阶段灾害作用强度指标,包括滑坡冲击力、滑动速度、滑体厚度和冲击范围宽度,从而确定滑坡冲击力与建筑物水平方向极限承载力的比值、运动滑体深度与建筑物上部结构高度的比值,最终确定灾害作用强度。不同类型建筑物承灾体能够抵抗水平冲击力的参考值见表 8-26,工作区内均为砖混结构,取抵抗水平冲击力为 8kPa。

表 8–26　工作区建筑结构抵抗水平冲击力参考值表

建筑结构类型	平均楼层数	平均高度（m）	近似水平抵抗冲击力（kPa）
钢筋混凝土结构	6～20	35	11
砖混结构	2～6	12	8
砖木结构	1～2	4	5

3）承灾体易损性分析

处于不同位置的建筑物，其建筑结构、维护程度、使用年限和所受冲击力的角度以及受到滑体的冲击力和堆积厚度均不同。根据建筑物分布特征和灾害体滑移堆积特征，对承灾体易损性进行分区计算（图 8–38），以图中滑坡 2 区箭头所指建筑物为例，对建筑物易损性进行分析计算（表 8–27）。

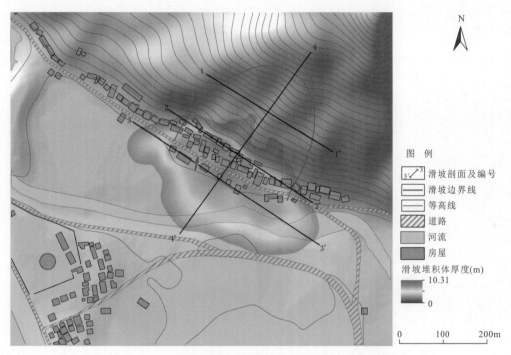

图 8–38　湖南省慈利县龙峰村 1 组承灾体分布示意图

表 8–27　湖南省慈利县龙峰村 1 组滑坡建筑物易损性评价参数表

结构类型	S_{str}	S_{mai}	S_{ser}	S_{dir}	I_{pre}	I_{f-dep}	S_s	I_{fai-s}	V_s
砖混	0.5	0.2	0.3	0.7	1	1	0.916	1	0.916

注：S_{dir} 为滑坡作用力建筑物轴向的夹角；I_{pre} 为滑坡冲击力强度指标；I_{f-dep} 为运动滑体深度强度指标；S_s 为建筑物对于滑坡灾害的脆弱性；I_{fai-s} 为失稳阶段滑坡对建筑物的作用强度；V_s 为建筑物的易损性。

随着滑坡滑移距离的增加，滑坡堆积厚度在滑坡 3 区由中间向两侧逐渐降低，所以滑坡对滑坡 3 区破坏程度由中间向两侧降低，故滑坡 3 区中部建筑物易损性计算得 0.229，两侧易损性计算得 0.183；同理可计算得滑坡 4 区建筑物易损性为 0.092。

8.4.3.5　室内人员易损性分析

室内人员易损性大小受滑坡灾害作用强度、室内人员与滑坡的相对位置、建筑物结构特征等影响，室内人员的易损性随建筑物的易损性增加而增加。根据本指南中基于建筑物易损性的室内人员易损性分析对滑坡影响范围的室内人员易损性进行取值，滑坡2区人员的易损性取0.26，滑坡3区人员的易损性取0.01，滑坡4区人员易损性取0.005。

8.4.4　滑坡风险评估

8.4.4.1　室内人员风险

龙峰村1组滑坡的威胁对象主要为前缘公路两侧的居民区，涉及建筑物50栋，共59人，其中34栋房屋40人位于滑体上，9栋房屋13人位于滑体前缘道路外侧，7栋房屋6人位于滑坡下滑后滑坡堆积体推覆区。通过对居民房屋居住情况的调查显示，按照最大人员风险估算，假设每人每天有18小时待于房屋内，则时空概率为 $P_{(S:T)}=0.75$。

龙峰村1组滑坡工况1、工况2、工况3、工况4条件下室内人员风险值如表8-28所示。在工况4条件下室内人员风险值达到了6.5635人。

表8-28　湖南省慈利县龙峰村1组滑坡室内人员风险值计算表

建筑分区	房屋编号	室内人员风险值（人）				建筑分区	房屋编号	室内人员风险值（人）			
		工况1	工况2	工况3	工况4			工况1	工况2	工况3	工况4
1	1	0.000 6	0.001 1	0.001 7	0.002 7	10	27	0.020 8	0.038 2	0.060 0	0.095 2
1	2	0.000 3	0.000 5	0.000 8	0.001 2	10	28	0.006 9	0.012 7	0.020 0	0.031 7
1	3	0.000 3	0.000 6	0.001 0	0.001 5	10	29	0.010 4	0.019 1	0.030 0	0.047 6
1	4	0.000 8	0.001 1	0.002 2	0.003 7	10	30	0.065 9	0.121 0	0.189 9	0.301 4
2	5	0.013 9	0.025 5	0.040 0	0.063 4	10	31	0.055 5	0.101 9	0.159 9	0.253 8
2	6	0.045 1	0.082 8	0.129 9	0.206 2	11	32	0.034 7	0.063 7	0.100 0	0.158 6
2	7	0.010 4	0.019 1	0.030 0	0.047 6	11	33	0.010 4	0.019 1	0.030 0	0.047 6
3	8	0.017 4	0.031 9	0.050 0	0.079 3	11	34	0.024 3	0.044 6	0.070 0	0.111 0
3	9	0.013 9	0.025 5	0.040 0	0.063 4	12	35	0.034 7	0.063 7	0.100 0	0.158 6
3	10	0.017 4	0.031 9	0.050 0	0.079 3	12	36	0.041 7	0.076 4	0.119 9	0.190 3
3	11	0.038 2	0.070 1	0.110 0	0.174 5	12	37	0.131 9	0.242 1	0.379 8	0.602 7
3	12	0.086 8	0.159 3	0.249 9	0.396 5	13	38	0.055 5	0.101 9	0.159 9	0.253 8
4	13	0.002 4	0.004 4	0.006 9	0.011 0	13	39	0.083 3	0.152 9	0.239 9	0.380 7
4	14	0.004 3	0.007 8	0.012 3	0.019 5	13	40	0.069 4	0.127 4	0.199 9	0.317 2
5	15	0.079 8	0.146 5	0.229 9	0.364 8	14	41	0.062 5	0.114 7	0.179 9	0.285 5

续表 8-28

建筑分区	房屋编号	室内人员风险值（人）				建筑分区	房屋编号	室内人员风险值（人）			
		工况 1	工况 2	工况 3	工况 4			工况 1	工况 2	工况 3	工况 4
5	16	0.059 0	0.108 3	0.169 9	0.269 6	14	42	0.000 6	0.001 1	0.001 7	0.002 7
6	17	0.041 7	0.076 4	0.119 9	0.190 3	14	43	0.000 9	0.001 6	0.002 5	0.004 0
6	18	0.062 5	0.114 7	0.179 9	0.285 5	15	44	0.001 5	0.002 7	0.004 2	0.006 7
7	19	0.090 2	0.165 6	0.259 9	0.412 4	15	45	0.001 2	0.002 2	0.003 5	0.005 5
7	20	0.052 1	0.095 6	0.149 9	0.237 9	16	46	0.002 1	0.003 9	0.006 2	0.009 8
7	21	0.031 2	0.057 3	0.090 0	0.142 8	16	47	0.000 5	0.001 0	0.001 5	0.002 4
8	22	0.010 4	0.019 1	0.030 0	0.047 6	17	48	0.000 9	0.001 7	0.002 7	0.004 3
8	23	0.010 4	0.019 1	0.030 0	0.047 6	17	49	0.000 4	0.000 7	0.001 2	0.001 8
9	24	0.013 9	0.025 5	0.040 0	0.063 4	18	50	0.000 7	0.001 2	0.001 9	0.003 1
10	25	0.002 7	0.004 9	0.007 7	0.012 2						
10	26	0.013 9	0.025 5	0.040 0	0.063 4	总计		1.436 3	2.636 2	4.136 3	6.563 5

8.4.4.2 滑坡经济风险

由于滑坡范围内经济类承灾体的位置固定不变,其时空概率都取 1,按照表 8-23 及表 8-24,根据财产计算公式可计算滑坡不同位置经济承灾体财产损失(表 8-29)。

表 8-29 湖南省慈利县龙峰村 1 组经济风险值计算表

建筑分区	房屋编号	经济风险值（万元）				建筑分区	房屋编号	经济风险值（万元）			
		工况 1	工况 2	工况 3	工况 4			工况 1	工况 2	工况 3	工况 4
1	1	0.637 2	1.169 5	1.834 9	2.911 7	10	28	1.851 8	3.398 9	5.332 9	8.462 3
1	2	0.135 8	0.249 3	0.391 2	0.620 7	10	29	2.369 1	4.348 1	6.822 3	10.825 8
1	3	0.163 7	0.300 5	0.471 5	0.748 2	10	30	18.816 3	34.535 4	54.186 8	85.984 3
1	4	0.883 1	1.620 8	2.543 1	4.035 5	10	31	14.416 8	26.460 6	41.517 3	65.880 1
2	5	1.185 4	2.175 7	3.413 7	5.417 0	11	32	5.458 8	10.018 1	15.718 6	24.942 5
2	6	3.189 5	5.854 0	9.185 0	14.574 9	11	33	1.525 1	2.799 2	4.392 0	6.969 3
2	7	0.903 8	1.658 8	2.602 7	4.130 0	11	34	3.921 9	7.198 3	11.294 3	17.922 0
3	8	2.384 5	4.376 6	6.866 9	10.896 5	12	35	3.386 4	6.215 4	9.752 1	15.474 8

续表 8 - 29

建筑分区	房屋编号	经济风险值(万元)				建筑分区	房屋编号	经济风险值(万元)			
		工况 1	工况 2	工况 3	工况 4			工况 1	工况 2	工况 3	工况 4
3	9	1.808 7	3.319 7	5.208 7	8.265 2	12	36	3.621 0	6.646 0	10.427 7	16.546 8
3	10	2.460 0	4.515 0	7.084 2	11.241 3	12	37	11.674 3	21.427 0	33.619 4	53.347 7
3	11	5.206 6	9.556 1	14.993 8	23.792 4	13	38	3.717 7	6.823 4	10.706 1	16.988 6
3	12	12.163 2	22.324 3	35.027 3	55.581 8	13	39	5.295 4	9.719 1	15.24 95	24.198 1
4	13	2.672 4	4.904 8	7.695 8	12.211 8	13	40	4.475 1	8.213 6	12.887 3	20.449 7
4	14	4.828 8	8.862 7	13.905 7	22.065 8	14	41	16.792 3	30.820 5	48.358 1	76.735 2
5	15	7.768 2	14.257 7	22.370 9	35.498 1	14	42	0.806 3	1.479 8	2.321 9	3.684 4
5	16	5.969 6	10.956 6	17.191 2	27.279 1	14	43	1.225 4	2.249 1	3.528 8	5.599 6
6	17	7.306 3	13.410 8	21.041 8	33.389 0	15	44	0.408 2	0.749 1	1.175 4	1.865 1
6	18	10.091 9	18.522 6	29.062 4	46.116 5	15	45	0.360 4	0.661 4	1.037 7	1.646 7
7	19	9.829 7	18.041 3	28.307 2	44.918 2	16	46	1.506 0	2.764 2	4.337 1	6.882 1
7	20	5.735 9	10.527 7	16.518 2	26.211 3	16	47	0.325 1	0.596 6	0.936 1	1.485 5
7	21	3.902 8	7.163 2	11.239 3	17.834 6	17	48	0.872 0	1.600 5	2.511 2	3.984 8
8	22	2.295 1	4.212 4	6.609 4	10.487 9	17	49	0.444 4	0.815 6	1.279 6	2.030 5
8	23	2.306 4	4.233 1	6.641 9	10.539 4	18	50	0.097 9	0.179 6	0.281 8	0.447 2
9	24	2.807 4	5.152 7	8.084 7	12.828 9	土地		154.500 4	283.569 1	444.926 5	706.014 9
10	25	1.596 2	2.929 6	4.596 6	7.294 0	道路		1.032 4	1.894 9	2.973 1	4.717 7
10	26	3.488 1	6.402 0	10.045 0	15.939 5						
10	27	5.473 8	10.046 6	15.763 4	25.013 6	总计		366.094 6	671.927 6	1 054.270 3	1 672.929 1

表 8 - 28、表 8 - 29 给出了工况 1、工况 2、工况 3、工况 4 条件下室内人员风险值及经济风险值。在工况 4 条件下龙峰村 1 组滑坡室内人员风险值达到 6.563 5 人,经济风险达到 1 672.929 1 万元。

为了使得滑坡风险值直观展现且便于决策部门制订出最优决策方案,将龙峰村 1 组滑坡 4 种工况条件下室内人员风险及建筑物经济风险展示如图 8 - 39 和图 8 - 40 所示。其中单栋建筑物最高经济风险值达到 85.984 3 万元,土地经济风险值为 706.014 9 万元,道路经济风险值为 4.717 7 万元,室内人员单栋风险值最高达到 0.602 7 人。

8.4.4.3 滑坡年风险分析

根据 10 年、20 年和 50 年降雨重现期下滑坡损失值与降雨年超越概率的关系,分别建立人口总风险和财产总风险与年超越概率的关系曲线(图 8 - 41 和图 8 - 42),曲线下方的积分面积为滑坡年风险值,计算可得室内人员年风险值为 1.379 6 人,滑坡经济年风险值为 351.649 5 万元。

慈利县龙峰村 1 组滑坡威胁居民住宅,人口密集,滑坡风险高,故应对此滑坡加强风险防控。

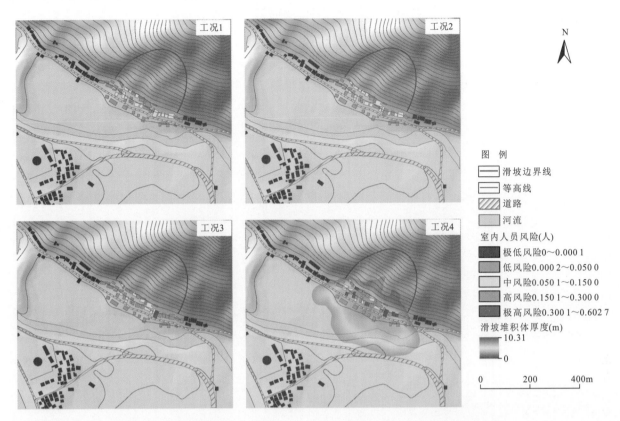

图 8-39　湖南省慈利县龙峰村 1 组 4 种工况条件下室内人员风险值展示图

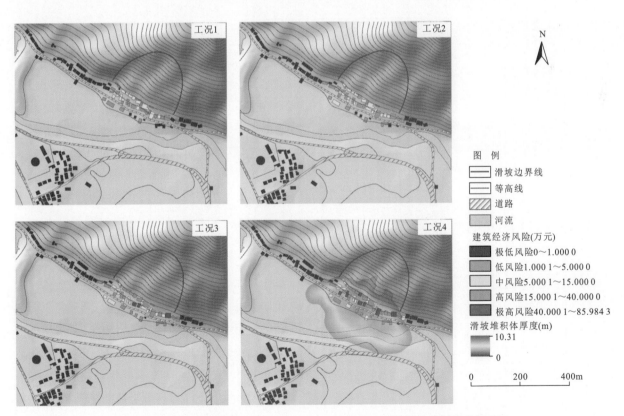

图 8-40　湖南省慈利县龙峰村 1 组 4 种工况条件下建筑物经济风险值展示图

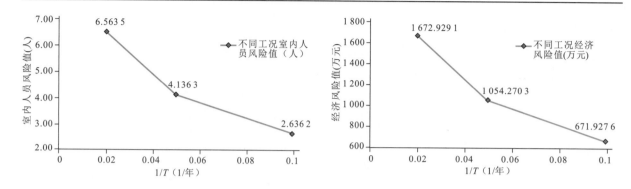

图 8-41　湖南省慈利县龙峰村 1 组滑坡室内人员风险曲线图　图 8-42　湖南省慈利县龙峰村 1 组滑坡经济风险曲线图

8.4.5　滑坡风险防控措施分析

8.4.5.1　不同风险防控方案对比

（1）滑坡防治措施分析

龙峰村 1 组滑坡在工况 4 条件下发生的概率为 81.34%，可能造成的人口伤亡为 6.563 5 人，造成的直接经济损失保守估计 1 672.929 1 万元（此处的直接经济损失不包含环境损失和间接经济损失）。如果间接经济损失和直接经济损失按 4∶1 的比例计算，则间接经济损失高达 6 691.71 万元，龙峰村 1 组滑坡一旦失稳所造成的人员和经济损失都很高。因此，龙峰村 1 组滑坡的风险高，为需要重点防治的灾害点，为了减小该滑坡所造成的损失，需要采取措施降低滑坡风险。

（2）方案 A——整体治理

根据该滑坡的稳定性现状和发展趋势，建议采用滑坡前缘设置抗滑挡墙、抗滑桩，周边设置截排水沟的工程措施治理，如图 8-43 和图 8-44 所示。

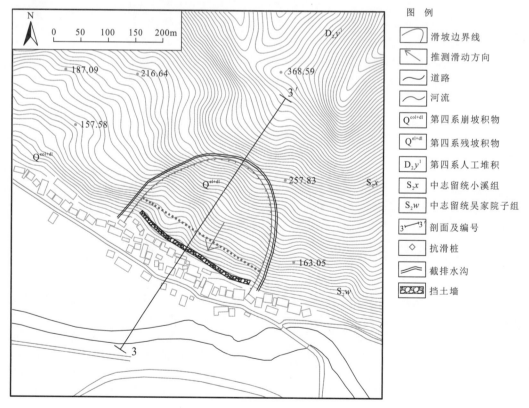

图 8-43　湖南省慈利县龙峰村 1 组滑坡方案 A 工程治理平面图

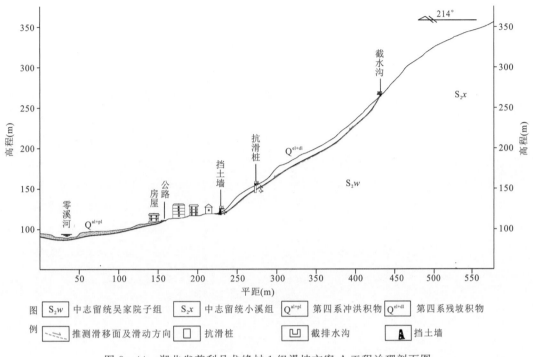

图 8-44　湖北省慈利县龙峰村 1 组滑坡方案 A 工程治理剖面图

抗滑桩：在滑坡前缘设置抗滑桩，桩截面 1.5m×2m，桩长 9m，桩 35 根。

截排水沟：设计为矩形，长约 600m，宽深各 0.5m，沟邦和沟底厚 0.3m。开挖土石方 528m³，按土石 4∶1 的比例分配开挖的方量，则开挖土方 422m³，开挖石方 106m³，浆砌石方约 378m³。

抗滑挡墙：采用浆砌石抗滑挡墙，取平均墙高 5m，总长 250m，截面面积 15m²，浆砌石方约 3 750m³。

根据滑坡的治理工程项目和治理工作量，治理该滑坡的费用约 494.9 万元，如表 8-30 所示，本次治理工程的估算并未包含征地拆迁的费用以及施工监测的费用。

表 8-30　湖南省慈利县龙峰村 1 组滑坡治理工程费用匡算明细表　　　　　（单位：万元）

项目	抗滑桩	抗滑挡墙	截排水沟	总费用
费用	283.5	187.5	23.9	494.9

（3）方案 B——局部治理

局部治理措施为滑坡前缘设置抗滑挡墙，并设置截排水沟减小滑坡外围地表水的渗入。抗滑挡墙及截排水沟的设计与方案 A 一致，其费用估算也与方案 A 相同。

工程治理费用参照表 8-30，抗滑挡墙 187.5 万，截排水沟 23.9 万，总费用 211.4 万。

（4）方案 C——监测预警

可采用监测预警的方法降低该滑坡的风险，根据滑坡的稳定性现状和发展趋势，建议采用 GPS 监测和裂缝监测措施。龙峰村 1 组滑坡布设 8 个 GPS 监测点，构成三纵两横监测网络，并布设 6 个地表裂缝位移监测点，如图 8-45 和图 8-46 所示。

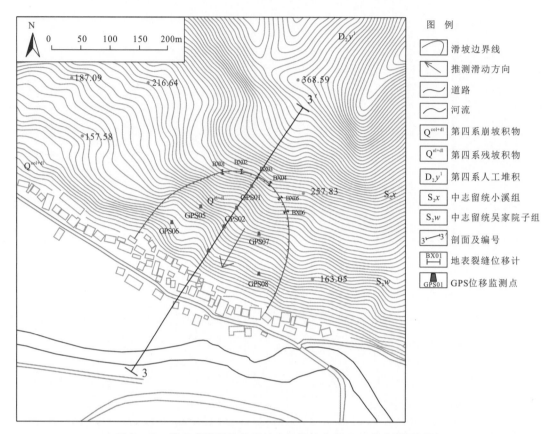

图 8-45 湖南省慈利县龙峰村 1 组滑坡方案 C 工程监测平面图

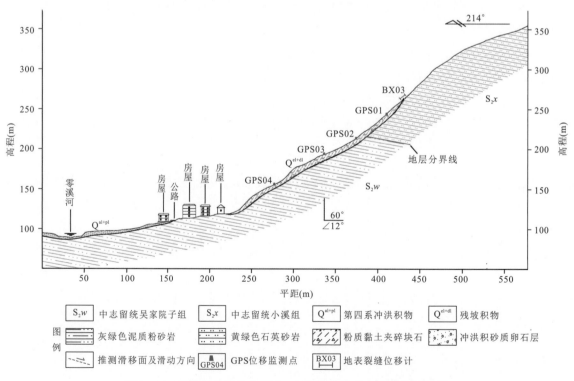

图 8-46 湖南省慈利县龙峰村 1 组滑坡方案 C 工程监测剖面图

监测工程运行费的多少取决于监测内容、监测周期以及监测时间的长短等因素,本次监测工程运行期可按 2018—2028 年(10 年)计算。

仪器监测:地表 GPS 监测按每点每年 120 元计算,水文、气象资料收集按每期次 3 000 元 1 期次计算(每年 1 次,共 10 次),地表裂缝位移监测按每点每年 1 000 元计算(表 8 - 31)。

表 8 - 31 湖南省慈利县龙峰村 1 组滑坡监测工程费用匡算明细表(10 年运行期)

(单位:万元)

项目	GPS 购置	GPS 建造	GPS 运行	地表裂缝仪器	地表裂缝运行	监测点定位	水文、气象、资料收集	总费用
费用	20	4.8	96	1.8	6.0	1.2	3	37.76

群测群防:参照湖北省三峡库区已建的群测群防监测网,龙峰村 1 组滑坡需建设边界桩 10 个、告示牌 2 个、简易地表裂缝监测点 8 个、建(构)筑物裂缝监测点 8 个、监测工具 2 套,材料和监测点的安置费 0.8 万元。群测群防运行费每个灾害点 5 000 元,按 10 年的运行期,则共计费用 5 万元。

维护费按监测工程建设费的 10% 计算,费用为 1.0 万。

综上所述,综合群测群防和专业监测的费用,此方案需要 44.6 万元。

(5)方案 D—搬迁避让

龙峰村 1 组滑坡主要威胁坡脚边缘处的体育馆及公路两侧居民住宅,根据现场调查访问,滑坡影响范围内共 59 人,按照原建筑面积建住房供搬迁人员迁入,建筑面积为 21 939m²。按照农村建造房屋 800 元/m² 成本计算,搬迁避让的费用只计入搬迁建设费,共计需要投入 1 755.12 万元。

8.4.5.2 风险防控建议

对比各种风险防控方案(表 8 - 32),由于该滑坡涉及的人口多、风险高、所影响的对象经济价值高,采用搬迁避让、地质灾害监测预警措施等难以达到降低滑坡的危险性的目的,滑坡一旦下滑,仍然会影响交通、堵塞零溪河,且搬迁避让所需经济投入大,因此该滑坡推荐采用抗滑桩+抗滑挡墙+截排水沟的整体治理措施(方案 A)。

表 8 - 32 湖南省慈利县龙峰村 1 组滑坡风险防控方案比选表

风险防控方案	防治措施	投资预算(万元)	工况 4 条件下破坏概率	室内人员		经济		推荐方案
				工况 4 条件下滑坡人员风险(人)	残余风险(%)	工况 4 条件下滑坡经济风险(万元)	残余风险(%)	
A	35 根抗滑桩(桩长 9m)+250m 抗滑挡墙(高 5m)+600m 截排水沟(宽深各 0.5m)	494.9			0		0	
B	250m 抗滑挡墙(高 5m)+600m 截排水沟(宽深各 0.5m)	211.4	81.34%	6.563 5	70%	1 672.929 1	60%	A
C	专业监测+群测群防	44.88			95%		95%	
D	搬迁避让	1 755.12			0		40%	

8.5　结论与建议

8.5.1　慈利县零阳镇地质灾害风险评估结论

研究案例依据风险分析与评估理论,从区域滑坡风险理论出发,对慈利县零阳镇地质灾害易发性、危险性、承灾体易损性、风险进行了定量计算与区划,提出了风险防控措施建议。

结合区内地质灾害特点和数据储备,研究案例采用基于无限斜坡模型的稳定性分析方法,即TRIGRS模型,对该地区进行了易发性评价,并基于斜坡单元完成易发性结果的表达,预测精度表明预测结果与野外实际勘察结果较相符。根据评估结果,零阳镇滑坡灾害极高易发区和高易发区主要分布在笔架山等地带,中易发区主要分布在蒋家山一带,在城镇地段居民集中区易发性较低。

从滑坡发育规模和发育时间规律出发,本研究案例采用泊松分布计算时间概率,采用规模超越概率计算规模概率,结合空间概率计算了慈利县零阳镇未来10年、20年、50年和100年4个降雨重现期滑坡灾害的危险性并制作出危险性概率分区图。

采用肖莉丽(2010)的TS模型进行了滑坡致灾强度的分析,计算出斜坡失稳后的运动距离和堆积层厚度;结合危险性概率分区图,得到危险性分区图。同时,研究案例采用Li和Quan(2010)提出的易损性经验公式,分别考虑滑坡的致灾强度、承灾体的抗灾能力,计算得出不同降雨重现期下承灾体的易损性值,完成建筑物、室内人口的易损性评价。

研究案例最后运用灾害风险量化评估模型,定量分析了区内未来10年、20年、50年和100年降雨重现期滑坡灾害的经济风险和人口风险。评估结果显示,慈利县零阳镇滑坡灾害风险主要集中在笔架山附近,经济风险最大超过1 000万元,主要的经济风险来源为建筑物风险。人口风险空间分布与经济风险相似,最大的人口风险值超过1 000人。将人口风险与灾害的危险性进行叠加,提出了区域灾害风险防控措施布置原则,并制作形成了慈利县零阳镇地质灾害风险防控措施建议图。

基于区域滑坡的结论,进行了单体的滑坡灾害风险分析。在滑坡灾害的形态特征、物质组成及结构特征、变形破坏特征分析的基础上,采用Geo-studio软件模拟分析了降雨诱发型土质滑坡的渗流场;采用摩根斯坦-普瑞斯法、平面滑动法对滑坡的失稳概率进行了分析;采用经验公式法或DAN 3D数值模拟方法确定了滑坡的影响范围,对影响范围内的经济和人口承灾体进行了易损性分析;依据单体地质灾害风险定量计算公式,计算了10年、20年和50年降雨重现期条件下滑坡的经济和人口总风险,并对单体滑坡的年风险进行了分析。

在评估武陵山区单体地质灾害点风险的基础之上,根据灾害体特征、稳定性状态和发展趋势,提出了整体治理、局部治理、监测预警和搬迁避让等风险防控措施,对灾害治理方案和监测预警方案的平剖面布置进行了建议,提供了风险防控方案所需经费投入衡定的基础,最后对比各种风险防控方案,根据成本效益原则选择出地质灾害风险防控最优方案。

8.5.2　慈利县零阳镇地质灾害风险防控工作建议

根据中华人民共和国国务院2003年颁布施行的《地质灾害防治条例》(394号令),并结合工作区地质灾害发育特征、地质灾害诱发因素、风险评估结果和社会经济状况等提出防治的基本原则如下。

(1)预防为主,避让与治理相结合

慈利县零阳镇滑坡灾害的主要外在因素为降雨和人类工程活动,特别是随着城镇化建设的推进,道路切坡、建房开挖、采矿工程等一系列工程活动诱发了大量的滑坡,加上本区社会经济和科学技术比较落后,防灾能力有限,全面治理地质灾害尤其困难。因此,在今后相当长的时期,只能依靠有限的投入,根据滑坡灾害的易发性分区图,做好城镇规划和工程选址,并对少量重点地区的地质灾害实施专门治理,而对其余大量的地质灾害则主要采取搬迁避让等措施以减少生命财产损失,并通过环境治理等途径逐渐减轻地质灾害活动。加强风险管理体系建设,在工程建设前需具有相应资质的单位对场地进行地质灾害危险性评估,严禁大挖大填。

(2)重点治理与群测群防相结合

防治地质灾害除了依靠各级政府外,尤其需要社会民众的广泛参与。其中政府的职能除了承担减灾管理任务外,还需集中有限财力、物力对一些威胁重要工程设施、大型居民区等的重点地质灾害进行专门治理。而对其他广大的人烟稀少的区域,主要通过宣传和专门培训等形式,普及地质灾害防治知识,在此基础上依靠当地基层政府组织民众,开展广泛的群众性防灾减灾工作,建立并不断完善群测群防体系,减少人员伤亡和财产损失。

(3)统筹兼顾,因地制宜,长远规划,逐步实施

在地质调查与科学研究的基础上区分轻重缓急和不同情况因地制宜规划与实施。对一些重点地质灾害和危险区域的防治工作也应在科学论证的基础上尽可能做到因地制宜,长远规划,逐步实施。

(4)地质灾害防治与工程建设、资源开发、生态环境保护相结合

在进行城市建设、道路建设、水利工程建设、资源开发等工程活动时,要按照规定进行地质灾害危险性评价,防止地质灾害对工程建设的危害以及工程建设诱发地质灾害。与此同时,要科学适度地开发利用土地资源、水资源,保护森林植被和生态环境,防止地质灾害与水土流失等的发生。

9　湖南省张家界市永定区南庄坪崩塌灾害风险评估案例

9.1　永定区南庄坪场地特征

9.1.1　自然地理条件

南庄坪场地位于湖南省张家界市永定区澧水河畔南侧武陵山脉北部,总面积 23km²。南以甘溪与官黎坪相邻,西与后坪镇相连,东、北方向以澧水河为界与永定街道办事处相接。

场地内与澧水河相接部分为河流阶地,地势较为平坦;中部和南部为丘陵,地形略有起伏。最高点高程为 258m,最低点高程为 156m,高差约为 100m,整体上南高北低,永定区南庄坪场地遥感全貌如图 9-1 所示。

图 9-1　湖南省张家界市永定区南庄坪场地遥感全貌图

9.1.2 地形地貌条件

场地内主要的地貌形态主要有三类。

(1)构造剥蚀丘陵:地貌形态除南部边缘或受隆起构造影响较大外,其他地区构造作用影响相对较弱,受岩性影响明显。区内沟谷纵横,多呈"V"形,山顶浑圆,山脊呈弧形,植被覆盖率低,甚至基岩裸露,页岩区多有崩塌现象。

(2)侵蚀堆积岗地:分布于场地的西南部,为河流早期侵蚀堆积而成,而后受新构造运动-抬升运动影响,加上风化剥蚀作用而形成三级、四级高阶地地貌。

(3)河谷平原:主要沿澧水两岸展布,由澧水及其支流长期冲积、洪积形成一级、二级阶地及河漫滩,微向河倾,河流凹岸往往形成冲刷陡岸,凸岸形成松散堆积层,漫滩呈长条形分布。

9.1.3 地质环境条件

9.1.3.1 地层岩性

场地内出露的地层主要有志留系、白垩系及第四系。

(1)志留系主要为龙马溪组,分布于场地西部,与澧水凹岸相接,岩性为灰绿色、黄绿色页岩,粉砂质页岩夹薄层含泥质粉细砂岩。

(2)白垩系主要为洞下场组,分布于场地中部和东南部,岩性为紫红色厚层砾岩夹灰绿色似层状含砾泥岩及紫红色中厚层泥质粉砂岩是丘陵地区主要的岩性类型。

(3)第四系主要为白水江组,分布在场地东北部,此处是由澧水所形成的河流阶地,主要沉积物为腐殖土、褐黄色含砂质黏土、黄褐色含泥质砾石层。

9.1.3.2 地质构造

南庄坪场地内没有大规模的地质构造,整个场地较为完整。在西北部的公路两侧有较多裂隙、陡坎发育。

9.1.3.3 岩土体类型与基本特征

根据场地内岩土体工程地质性质和岩层的组合关系,可划分为岩体和土体两类,区内岩体工程地质类型可划分为2个工程地质岩组,土体主要包含1个类型。

(1)岩体类:①薄层至中层状粉砂质页岩半坚硬岩组,代表地层为志留系龙马溪组。岩性为灰绿色、黄绿色页岩,粉砂质页岩夹薄层状含泥质粉细砂岩。干抗压强度为 $16.5 \sim 100.5$ kPa,软化系数为 $0.11 \sim 0.78$,凝聚力为 $21 \sim 28$ kPa,摩擦系数为 $0.43 \sim 0.7$,主要工程地质问题有泥化、崩塌、滑坡。②厚层状砾岩、含砾砂岩、砂岩、粉砂岩坚硬岩组,代表地层为白垩系洞下场组,岩性为红色砾岩、含砾砂岩、细砂岩、粉砂岩。干抗压强度为 $4.68 \sim 100.6$ kPa,软化系数为 $0.52 \sim 0.67$,凝聚力为 $5 \sim 11.6$ kPa,摩擦系数为 $0.37 \sim 0.91$,主要工程地质问题有泥化、崩塌、滑坡。

(2)土体类:主要为黏土,分布于澧水的河流阶地。黏土塑性指数为 $10.5 \sim 20.3$,凝聚力为 $3.5 \sim 30.5$ kPa,压缩系数为 $0.03 \sim 0.55$,孔隙比为 $0.57 \sim 1.18$,允许承载力为 $125 \sim 250$ kPa。

9.1.4 水文地质特征

9.1.4.1 地下水类型及水文地质特征

场地内地下水主要类型有松散堆积层孔隙水和基岩裂隙水。

松散堆积层孔隙水主要分布于澧水两岸一级、二级阶地,由第四系河流冲积相和洪积相的堆积物组成。此类型水位受大气降水及河渠、塘水影响。地下水在时空分布上变化大,具明显的丰、平、枯特征,水量、水位及水质亦呈季节性变化。位于一级阶地的孔隙水泉流量为 $10\sim32$L/s,单井涌水量为 $100\sim1\ 000$m³/d,水位埋深为 $2\sim6.2$m,水质类型为 $HCO_3 - Ca \cdot Mg$;位于二级阶地的孔隙水单井涌水量为 $3\sim4$m³/d,水位埋深为 $0.4\sim3$m,水质类型为 $HCO_3 - Ca \cdot Mg$。

基岩裂隙水主要分布在场地内的丘陵地区,包括红层裂隙水和碎屑岩裂隙水。红层裂隙水的含水岩组为白垩系洞下场组的紫红色泥质粉砂岩及砾岩等,基岩裂隙不甚发育。一般含水量极低或不含水。泉流量小于 0.1L/s,单井涌水量为 $1.6\sim3.8$m³/d,地下水径流模数为 0.819L/$(s \cdot km^2)$,水质类型为 $HCO_3 - Ca \cdot Mg$。碎屑岩裂隙水的含水岩组为志留系龙马溪组泥质粉砂岩,水量相对丰富。泉流量小于 0.1L/s,单井涌水量为 $8.64\sim43.2$m³/d,地下水径流模数为 $1.99\sim2.094$L/$(s \cdot km^2)$,水质类型为 $HCO_3 - Ca \cdot Mg$。

9.1.4.2　地下水补给、径流、排泄及动态特征

地下水的水位、泉水流量、水化学成分和水温等随季节变化明显,每年12月至次年1月、2月为枯季,地下水位、泉水流量、水温和矿化度达到最低值。3月以后又开始上升,至5月降水量达到最高峰,地下水位、泉水流量达到最高峰。6月以后水位和泉水流量又开始下降,8月中旬以后又达到次低值。9月初随着降水量的增加,地下水位和泉水流量又开始增加,至10月中旬形成第二个高峰。

(1)松散岩类孔隙潜水补给、径流、排泄特征。该类地下水主要分布于澧水两岸一级、二级阶地,地下水的变化幅度与含水层及其盖层的渗透性有关。孔隙潜水主要受大气降水影响,另外与澧水水位变化也有关系。澧水水位一般年变幅为 $4.24\sim9.34$m,一级、二级阶地孔隙潜水与澧水呈互补关系。此外,孔隙潜水可得到基岩裂隙水或岩溶裂隙水补给。孔隙潜水水位年变幅为 $2.0\sim5.8$m,以潜流和下降泉形式排泄于澧水和澧水支流。

(2)基岩裂隙水补给、径流、排泄特征。基岩裂隙水补给源主要为大气降水,补给方式主要是大气降水沿裸露基岩的裂隙和覆盖层的孔隙分散渗入。大气降水的补给强度取决于地貌、风化程度和植被发育程度。泉水流量变幅和泉水出露位置与泉水补给区的相对高差有关,高差越大泉水流量越稳定,反之泉水流量变化就越大。基岩裂隙水于谷坡中、下部和谷底以下降泉形式排出地表形成溪流。

9.1.5　不良地质现象

场地内降雨丰沛,人类工程活动(修建房屋、交通干道)强烈,造成区内崩塌灾害发育。崩塌规模虽小,但对交通安全和沿线居民产生威胁。

9.2　地质灾害发育特征

崩塌主要在场地西北部的省道 S306 沿线发育。由于公路沿线地层为志留系龙马溪组页岩和粉砂岩,硬度相对较低,易破碎,在风化作用和人类开凿修建活动的影响下,易导致大量小型崩塌产生;而且公路东南侧的斜坡较为高陡,当发生崩塌时,块体动能较大,即使规模较小,破坏力仍然很强,对过往的车辆造成巨大威胁。

案例中利用遥感解译的方法确定危岩带的规模和空间分布特征,将目标区的高分一号遥感影像的目视解译结果与野外实际勘察结论相结合以确定工作区的危岩带范围。根据南庄坪案例区的实际崩塌灾害以及承灾体分布情况,确定工作区的崩塌风险评价范围如图 9-2 所示。

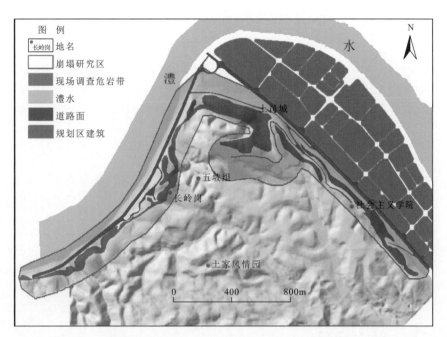

图 9-2　湖南省张家界市永定区南庄坪崩塌风险评价范围分布图

9.3　南庄坪崩塌灾害风险评估

9.3.1　崩塌灾害物源识别

9.3.1.1　评价因子与方法

崩塌物源区易发程度是指在一定的地质环境和人类工程活动影响条件下崩塌危岩产生的可能性大小。本案例选用信息量模型识别崩塌物源区。信息量模型具体计算过程见附录 C.2.1。选取工作区崩塌影响因素和野外调查资料，基于 ArcGIS 平台提取高程、坡度、坡向、道路缓冲、河流缓冲和太阳辐射强度 6 个评价因子，各评价因子分级图如图 9-3 所示。需要说明的是，区内地层岩性相同，若工作区调查条件具备，应该考虑岩体结构面这一重要评价因子。采用信息量模型计算出各因子信息量，叠加后得到工作区崩塌源区易发性分布图，并将其分为 5 个等级：极高易发区、高易发区、中等易发区、低易发区和极低易发区，如图 9-4 所示。

9.3.1.2　崩塌源区易发性评价结果精度判断

统计各易发性等级的栅格数、面积占比情况，如表 9-1 所示。

表 9-1　湖南省张家界市永定区南庄坪场地崩塌源区易发性等级分布表

信息量分级	易发性等级	栅格数	面积占比
[−12，−4.3]	极低易发区	11 413	30.6%
[−4.3，−1.5]	低易发区	7 521	20.2%
[−1.5，1]	中等易发区	7 959	21.3%
[1，3.2]	高易发区	8 069	21.6%
[3.2，5.4]	极高易发区	3 847	10.3%

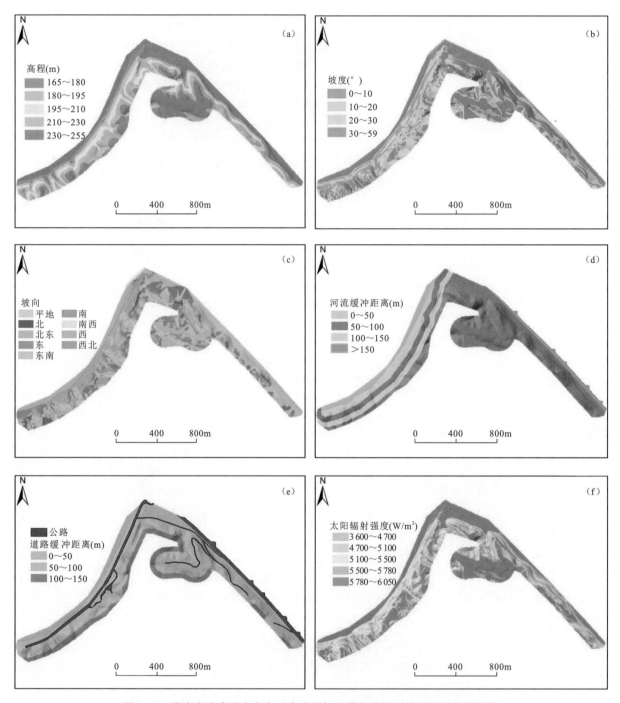

图 9-3　湖南省张家界市永定区南庄坪场地崩塌物源区易发性评价因子图

(a)高程;(b)坡度;(c)坡向;(d)河流缓冲;(e)道路缓冲;(f)太阳辐射强度

　　为了评估崩塌源区易发性的准确性,案例中采用 ROC 曲线计算结果精度。根据 ROC 曲线在[0,1]区间的定积分,即曲线下方的面积 AUC 值表示精度,如图 9-5 所示,其具体计算方法详见附录 D。结果表明,所识别出的崩塌物源区的 76.9%与野外调查情况吻合。

　　通过源区易发性分区图可以发现,高易发区主要分布在道路附近高程值大、坡度较陡的斜坡带。这是受人类工程活动和自然因素综合影响。道路的修建破坏了表层植被和岩体完整性,增大了坡体的临

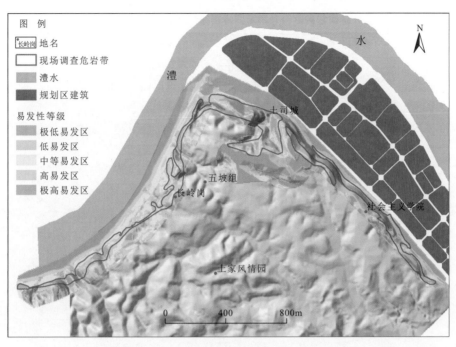

图 9-4 湖南省张家界市永定区南庄坪场地崩塌源区易发性分区图

空面,而且这些高易发区本身就位于较高的地方,坡面陡峭,这些因素使得发生崩塌的可能性大大增加。

结合以上崩塌易发性评价结果和工作区实际崩塌带坡度分布情况,选择信息量范围在[1,5.4]区间且坡度值大于30°进行后续的崩塌灾害运动范围评估。该设定崩塌源区占遥感解译崩塌带范围的60.5%,且易发性等级高。

9.3.2 崩塌灾害运动范围分析

崩塌一旦发生,岩土体会从原来的空间位置崩落下来,沿着斜坡体发生一段位移,其重力势能转换为动能,具有一定的破坏性,且当其动能削减为0时停止运动。基于 ArcGIS 平台和 Flow-R 软件对南庄坪的崩塌灾害运动范围进行模拟分析。案例中利用 Flow-R 软件对工作区的崩塌

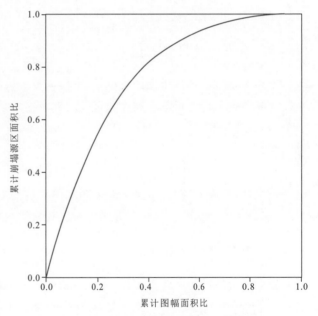

图 9-5 湖南省张家界市永定区南庄坪场地崩塌易发性 ROC 曲线图

落石的影响范围进行模拟,算法的选择对落石运动范围的模拟至关重要,该软件具体原理和算法见附录 J.1.2。

首先,以 DEM、坡度等数据为基础,选择合适算法确定崩塌发生后落石的运动方向;基于此,通过确定落石最远能到达的距离与水平面之间的夹角模拟能量损失确定落石停止位置,这两个方面是模拟崩塌到达范围的关键步骤。通过输入基础地形和物源数据,设定模拟函数,结合工作区特性确定最小达到角阈值后,计算落石的到达概率和影响范围,其结果如图 9-6 所示。图 9-6 中的到达概率表示崩塌发生后落石到达该处的概率值,概率值越大说明该处越容易受崩塌落石的影响。

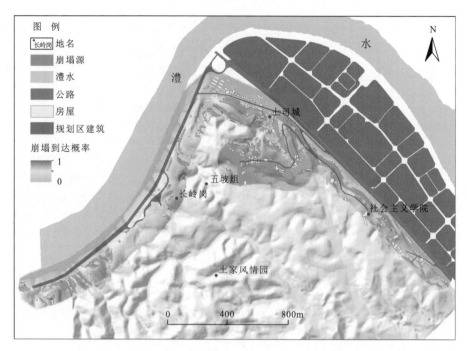

图 9-6　湖南省张家界市永定区南庄坪场地崩塌运动范围分布图

9.3.3　承灾体易损性评价

工作区承灾体包括居民区建筑物、室内人员和道路、道路上的行驶车辆以及车辆内人员。建筑物的易损性和抗撞击能力与落石冲击能量强度有直接关系。不同结构类型的建筑物破损程度与落石撞击能量关系采用附录Ⅰ中表Ⅰ.1的取值。若条件具备,建筑物属性还应考虑楼房层数、维护状况、使用年限等因素。

对于流动性承灾体(道路上车辆以及车载人员),其易损性考虑的因素较多。根据工作区实际情况以及现有数据,现对道路、道路上车辆和车内人员的后续风险计算进行如下规定:道路风险考虑受影响路段,车辆风险考虑受威胁车辆数总和,车内人口风险的易损性定为0.3(参考附录Ⅰ中表Ⅰ.2取值)。

9.3.4　崩塌灾害风险评估

崩塌承灾体的风险计算方法与滑坡的风险计算方法相同,通过 R(风险)$=H$(危险性)$\times V$(易损性)$\times E$(价值或数量)计算工作区承灾体的风险值,而后根据风险损失大小对承灾体进行分级。

9.3.4.1　建筑物经济风险

通过计算崩塌源区的易发性以及落石的到达概率,结合特定建筑物的易损性计算其经济风险。

根据工作区的实际情况,承灾体大多分布在工作区北部。从风险计算的结果可知:风险值较高的承灾体往往分布在坡脚或坡体上,该部分区域崩塌落石的到达概率相对较大,导致范围内房屋建筑的风险值也相对较高;风险值较低的承灾体往往分布在远离崩塌源区的平坦区域,因崩塌落石的到达概率相对较低或很难达到,虽然建筑物的价值较高,但总体的风险值很低。工作区的建筑物经济风险在0~17万元之间,不受灾房屋共140栋,占总房屋数的72.5%;经济风险超过5万元的有6栋,占总房屋数的3.1%,建筑物经济风险分布如图9-7所示。

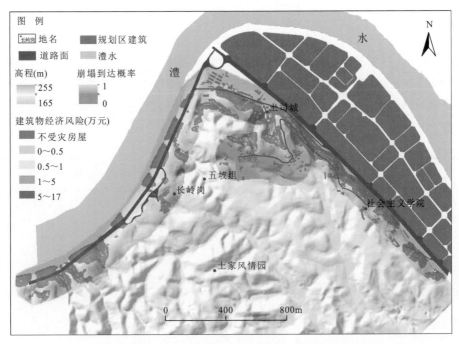

图 9-7 湖南省张家界市永定区南庄坪场地崩塌灾害建筑物经济风险分布图

9.3.4.2 道路风险

道路风险重点关注受影响的路段范围。根据模拟所得崩塌落石的到达范围计算受影响的路段长度,工作区公路受崩塌影响的路段如图 9-8 所示。

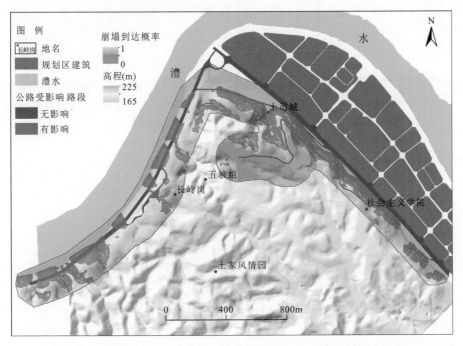

图 9-8 湖南省张家界市永定区南庄坪场地公路受崩塌影响路段分布图

9.3.4.3　受威胁车辆及车辆内人口风险

统计工作区两个路段车辆日通行量,路段 a 为工作区西侧较宽路段,路段 b 为工作区东侧较窄路段,结果如表 9-2 所示。路段 a 与路段 b 相比长度较短,但日通行量较大。设置路段内通行车辆的单价为 12 万元,因路段 a 路面较为宽阔,设置其通行的车辆平均车速为 40km/h,路段 b 的平均车速为 30km/h。根据每段公路的总长度可计算出每辆车通过该路段的平均时间,进而得到车辆的时空概率。假设每辆车内平均有两个人,可以估算工作区道路车辆内的人口数,人口的时空概率与车辆的时空概率相同,依据附录 I 中表 I.2,车内人员的易损性值定为 0.3,进而可以求取车辆内的人口风险。

表 9-2　湖南省张家界市永定区南庄坪场地车辆年经济风险计算表

路段	长度	路宽 (m)	日通行量(辆)	车辆单价 (万元/辆)	平均车速 (km/h)	通行平均时间(h)	时空概率 (%)	车内人员日通行量(人)	车辆内人员易损性
a	2 343	20	8 309	12.00	40.00	0.06	0.24%	16 618	0.3
b	3 027	7	6 261	12.00	30.00	0.10	0.42%	12 522	0.3

根据表 9-2 中公路日通行量以及人员易损性等内容,计算工作区受威胁车辆的数量和车内人口风险如图 9-9 所示。

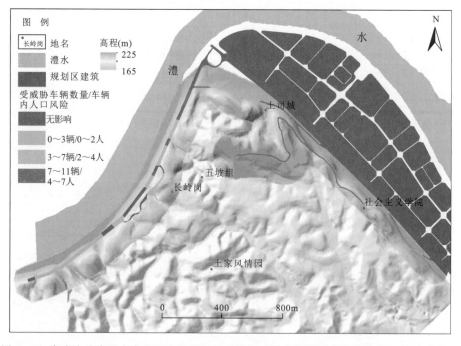

图 9-9　湖南省张家界市永定区南庄坪场地受崩塌威胁车辆数量和车辆内人口风险分布图

9.4　案例总结

本案例对湖南省张家界市永定区南庄坪场地崩塌灾害进行了风险评价,得到了场地区崩塌的建筑物经济风险分布图、道路受影响路段分布图、车辆受威胁数量分布图以及车辆内人口风险分布图。

（1）风险较高的建筑物大多处于工作区北部土司城附近，因该处建筑物距周围斜坡体较近，崩塌发生后极易处于滚动落石到达的范围内，风险值也相对较高；另外有多处沿公路修建的房屋也处于崩塌的影响范围内，容易受到滚动落石的影响。整个工作区内建筑物的经济风险值范围在 0～17 万元之间，超过 5 万元风险的房屋总共 7 栋，超过 1 万元风险的房屋总共 15 栋，风险值较高的承灾体分布在坡脚、坡面一带。

（2）公路受影响路段取决于崩塌落石的滚动范围，路段 a 和路段 b 在不同的位置都受到了落石的影响，尤其在沿线有危岩体的地方特别需要注意。工作区内受崩塌影响路段长约 3 100m，占公路总长度的 72.3%。

（3）受威胁车辆和人口风险较高的车辆也集中在公路受影响路段内，结果表明最大日受威胁车辆数为 11 辆，日人口风险为 7 人，分布在路段 a 和路段 b 的连接处以及路段 b 土司城到张家界市社会主义学院路段范围内。整个工作区内日受威胁车辆为 0～11 辆，车辆内人口风险为 0～7 人。

崩塌灾害的防控措施建议与滑坡灾害的防控措施思想基本一致，根据南庄坪场地的实际崩塌风险计算结果，具体防控措施建议如下。

（1）工作区受威胁的建筑物多靠近附近斜坡体。对于其中高风险的建筑物应采取以预防为主、避让与治理相结合的防控措施，对高危险的斜坡危岩体要采取治理措施以防止崩塌落石的发生，将重点治理与群测群防相结合，以降低风险。

（2）根据南庄坪场地的实际崩塌案例，工作区多以小规模崩塌为主，崩塌发生频率高，主要威胁过往的车辆以及车辆内人员，降低受威胁路段内的风险防控措施主要有：①在路的两侧设置风险警示牌，提示过往车辆；②对危险性大的崩塌点进行治理，可根据方量大小和崩塌破坏模式采用清除和支挡的治理措施。

南庄坪场地的崩塌风险评估能够利用遥感、GIS、Flow - R 模拟等手段计算多种承灾体的风险情况，满足本指南要求，具有很强的实用性，为武陵山区开展崩塌灾害风险管理提供了良好的理论依据和技术支持。

附录 A　斜坡类型与坡体结构类型划分

表 A.1　坡体结构类型划分表

3D描述	定义	类型	3D描述	定义	类型
	$\lvert\alpha-\beta\rvert\in[0°,30°)$或$\lvert\alpha-\beta\rvert\in[330°,360°)$，$\gamma>10°$且$\delta>\gamma$	顺向飘倾坡		$\lvert\alpha-\beta\rvert\in[60°,120°)$或$\lvert\alpha-\beta\rvert\in[240°,300°)$	横向坡
	$\lvert\alpha-\beta\rvert\in[0°,30°)$或$\lvert\alpha-\beta\rvert\in[330°,360°)$，$\gamma>10°$且$\delta<\gamma$	顺向伏倾坡		$\lvert\alpha-\beta\rvert\in[120°,150°)$或$\lvert\alpha-\beta\rvert\in[210°,240°)$	逆斜坡
	$\lvert\alpha-\beta\rvert\in[0°,30°)$或$\lvert\alpha-\beta\rvert\in[330°,360°)$，$\gamma\leqslant10°$	近水平层状坡		$\lvert\alpha-\beta\rvert\in[150°,210°)$	逆向坡
	$\lvert\alpha-\beta\rvert\in[30°,60°)$或$\lvert\alpha-\beta\rvert\in[300°,330°)$	顺斜坡			

注：α、β、γ、δ分别为斜坡坡向、岩层倾向、岩层倾角和斜坡坡度。

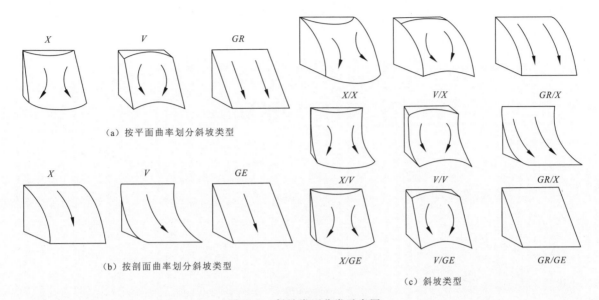

图 A.1　斜坡类型分类示意图

(a)X. 外向坡；V. 内向坡；GR. 直坡；(b)X. 凸坡；V. 凹坡；GE. 直坡；(c)平面曲率和剖面曲率的组合

附录 B　地质灾害易发性评价因子相关性分析方法

相关性分析是对两个或两个以上具备相关性的变量进行分析,以期衡量这些变量之间的相关密切程度,参与评价的因子之间要求具有较低的相关性。可通过相关系数 ρ_{xy} 的计算确定,如式(B. 1)所示:

$$\rho_{xy} = \frac{\mathrm{Cov}(X,Y)}{\sqrt{DX}\sqrt{DY}} = \frac{E[(X-EX)(Y-EY)]}{\sqrt{DX}\sqrt{DY}}, \quad -1 < \rho_{xy} \leqslant 1 \tag{B. 1}$$

若 $\rho_{xy} > 0$,则表示 X 与 Y 正相关;$\rho_{xy} < 0$,则表示 X 与 Y 负相关;$\rho_{xy} = 1$,则表示 X 与 Y 正线性相关;$\rho_{xy} = -1$,则表示 X 与 Y 负线性相关;$\rho_{xy} = 0$,则表示 X 与 Y 不相关。

为了简化计算,提高数据分析效率,通常也可以用抽样的方法得到相关系数,用 R 表示。常用的样本相关系数有 Pearson 相关系数、Spearman 秩相关系数和 Kendall 相关系数,下面介绍 Pearson 相关系数的计算步骤。

(1)构建原始指标评价矩阵:

$$\boldsymbol{X} = \begin{bmatrix} X_{11} & \cdots & X_{1m} \\ \vdots & \vdots & \vdots \\ X_{n1} & \cdots & X_{nm} \end{bmatrix} \tag{B. 2}$$

式中: $X_{ij}(i=1,2,\cdots,n;j=1,2,\cdots,m)$ 表示第 i 个指标的第 j 个样本数据。

(2)计算矩阵 $\boldsymbol{X}$ 各行均值,如 Ex。

(3)计算矩阵 $\boldsymbol{X}$ 各行方差,如 Dx。

(4)计算协方差,如 $C_{ov}(x,y)$。

(5)计算相关系数,如 ρ_{xy}。

注意,由于 R 是 ρ_{xy} 的估计值,在计算时需采取多组样本进行验算,以减少误差。

附录 C　滑坡灾害易发性评价方法

C. 1　专家经验模型

C. 1. 1　模糊综合评价法

模糊综合评价法（Fuzzy Comprehensive Evalution，FCE）是一种基于模糊数学的综合评价方法。该方法根据模糊数学的隶属度理论把定性评价转化为定量评价，即用模糊数学对受到多种因素制约的事物或对象作出一个总体的评价。它具有结果清晰、系统性强的特点，能较好地解决模糊的、难以量化的问题，适合解决各种非确定性问题。

建立模糊综合评价法的数学模型的过程分为以下步骤。

（1）确定因素集 $U = \{u_1, u_2, \cdots u_i \cdots, u_n\}$ 和评价集 $V = \{v_1, v_2, \cdots v_i \cdots, v_n\}$。

（2）建立权重集，设各因素的权重分配为 U 上的模糊子集 A，则 $A = \{a_1, a_2, \cdots a_i, \cdots, a_n\}$（其中 a_i 是第 i 个因素 u_i 所对应的权重，且规定 $\sum_{i=1}^{m} a_i = 1$）。

（3）构造模糊评价矩阵，第 i 个因素的单因素评价向量为 V 上的模糊集 $R_i = \{r_{i1}, r_{i2}, \cdots, r_{in}\}$，总的模糊评价矩阵为 $\boldsymbol{R} = (r_{ij})_{m \cdot n}$（表示因素集 U 和评价集 V 的对应关系，在数值上表示为方案层对目标层的权重向量）。

（4）依据模糊运算 $B = A \cdot \boldsymbol{R}$，进行模糊综合评价。

C. 1. 2　层次分析法

层次分析法（Analytical Hierarchy Process，AHP）是美国数学家 Saaty 在 20 世纪提出的一种将定性分析和定量分析相结合的系统分析方法。它适用于多准则、多目标的复杂问题的决策分析，可以将决策者对复杂系统的决策思维过程实行数量化，为选出最优决策提供依据。经过多年的应用实践，不少研究者开始将 GIS 技术与 AHP 方法相结合，大大提高了传统的 AHP 方法在滑坡易发性分区研究中的应用效果。基于 GIS 的层次分析法充分利用 GIS 技术的空间分类和空间分析功能，在评价指标数据采集、处理和自动成图方面具有明显的优势，不仅可以对滑坡易发性的相关影响因素进行更细致的逐次分析，而且在计算过程中不受计算单元数量的限制，因而评价结果更直观、更便于应用。

基于 GIS 层次分析法的滑坡易发性分区评价过程大致可分为以下步骤。

（1）确定研究区、研究目标，并进行数据分析，确定进行滑坡易发性分区所需要的数据，包括数据来源、数据质量指标等。

（2）将收集的各种资料进行数据处理，包括在 GIS 软件平台上进行数字化、格式转换、投影变换、分层及属性编码等，建立研究区各专题图层的空间数据库。

（3）根据研究目标的特征，分析影响目标的因素，建立目标的层次指标模型和层次结构，构造判断矩阵,由专家对影响因素进行综合评分,并进行层次单排序、求解权向量和一致性检验,从而获得各指标因素值,并运用 GIS 空间分析功能提取分析因子。具体而言,就是对影响滑坡易发性的因素和指标征询专家的意见,并由专家给出分值,然后对这些分值进行均化处理,构造相关判断矩阵,求解得到影响因素和指标的权重。专家打分法在地质领域应用很广,主要是通过专家对评价指标权重赋分,对于每一项指标的权重计算出各位专家打分的均值,对有异议的指标权重可进行多轮反馈,最后确定各评价指标的权重。一般以调查问卷的形式,给在该领域或者该地区具有一定研究背景和研究经验的专家发出调查问卷,在讨论与综合分析的基础上确定指标与权重。

(4)采用 GIS 软件平台对评价区域的专题图层进行栅格化,每一个栅格作为模型评价的一个运算单元,将参与评价的各个因素权值分配到不同的栅格上。将各个专题栅格图按照数学模型进行栅格运算,生成滑坡易发性指数栅格图层。

(5)滑坡易发性分区评价的数学模型为:

$$B = \sum_{j=1}^{n} a_j N_j, (j = 1, 2, \cdots, n) \tag{C.1}$$

式中:B 为地质灾害易发性综合评价指数;a_j 为权重;N_j 为影响因素。

(6)根据计算获得的滑坡易发性指数值的统计曲线特征和划分要求,对滑坡易发性指数栅格图层进行重分类和数据平滑处理,获得易发性分区图。结合野外收集调查情况进行验证分析,并对各级别易发性分区进行统计分析,给出易发性分区说明。

C.1.3 专家打分法

专家打分法(Expert Scoring Method)及其过程是对专家、集体主观意见与判断进行调查与综合整理,经过反复多次,最后取得基本一致看法的分析过程。该方法实际上是经验估计法与意义推求法的综合。前者是在不说明任何定权的理由和根据的前提下直接给出评价结果或权重值的一种方法,其特点是无任何说明直接定权;而后者是在讲明定权时考虑问题的具体根据、依据的意义等,再根据专家的分析判断给出权重值的方法,其特征是有说明而无具体定权的过程和方法。专家打分法是由选定的专家根据所要分析和解决的问题性质,依据经验知识,对所提出的问题进行综合判断或定出权重指标,通常的做法和步骤主要如下:

(1)根据所要研究问题的类型和性质,选择在该领域最有代表性的专家组成员。

(2)对要解决的问题进行综合归纳,列出相应的表格,并对每个评价因素的权值范围给出具体的要求,阐明权重的概念和顺序以及记权的具体方法。一般采用评分法表示,因子的重要性越大,评分值越高。

(3)把表格和所要解决问题的综合材料分发或寄给每个参与评价的专家,按以下第(4)~(9)步骤反复核对、填写,直至没有成员进行变动为止。

(4)要求每个专家成员对每列的每种权值填上记号,得到每种因子的权值分数。

(5)要求所有的专家成员对做了记号的列逐项比较,看看所评的分数是否能代表他们的意见,如果发现有不妥之处,应重新画记号评分,直至满意为止。

(6)要求每个专家成员把每个评价因素(或变量)的重要性的评分值相加,得出总数。

(7)每个专家成员用第(6)步求得的总数除以评价因素个数,即得到每个评价因素的权重。

(8)汇总每个专家成员的表格,初步分析每个成员评分值的差异程度,如果出现评分差异很大的情况,研究产生差异的可能原因,并反馈给相应的专家成员进行进一步的分析或修正。

(9)根据最终的所有汇总表格,列出每组的平均数,求得各种评价因素的平均权重,即为组平均权重。

　　(10)如有专家还想改变评分,就须回到第(4)步重复整个评分过程。如果没有异议,则到此为止,得到最终的评价因素(或变量)的权值指标。

C.2　数理统计模型

　　数理统计模型指的是利用数理统计模型,分析滑坡灾害易发性评价各指标和滑坡发生与否的相关关系,进而预测全区滑坡易发程度。目前,基于统计分析模型的半定量分析方法中的基于 GIS 的统计模型方法应用较广泛,主要包括信息量模型、逻辑回归模型、证据权模型、随机森林模型、人工神经网络模型、支持向量机模型、决策树模型等,现将各方法主要原理阐述如下。

C.2.1　信息量模型

　　信息量模型是通过信息量值的大小来评价影响因素与研究对象关系的密切程度,采用滑坡灾害发生过程中熵的减少来表征滑坡灾害事件产生的可能性。滑坡现象(y)受多个因素(x_i, $i=1,2,\cdots,n$)影响,如坡度、坡向、断层和水系等,各种因素对滑坡所起的作用不同,要综合考虑各种因素的类别及其组合。信息量模型公式如下:

$$I(y,x_1x_2\cdots x_n)=\log_2\frac{P(y,x_1x_2\cdots x_n)}{P(y)} \tag{C.2}$$

式中:$I(y,x_1x_2\cdots x_n)$为具体因素组合 $x_1x_2\cdots x_n$ 对滑坡所提供的信息量;$P(y,x_1x_2\cdots x_n)$为因素 $x_1x_2\cdots x_n$ 组合条件下滑坡发生的概率;$P(y)$为滑坡发生的概率。式(C.2)可改写为:

$$I(y,x_1x_2\cdots x_n)=I(y,x_1)+I_{x_1}(y,x_2)+\cdots+I_{x_1x_2\cdots x_{n-1}}(y,x_n) \tag{C.3}$$

式中:$I_{x_1}(y,x_2)$为因素 x_1 存在条件下,因素 x_2 对滑坡所提供的信息量。

　　在实际计算中,可使用样本频率计算信息量,即:

$$I_i=\ln\frac{S_i/S}{N_i/N} \tag{C.4}$$

式中:I_i 为评价因素 x_i 对滑坡发生提供的信息量值;S_i 为滑坡落在评价因素 x_i 内的单元数;S 为研究区内含有滑坡分布的单元总数;N_i 为研究区内含有评价因素 x_i 的单元数;N 为研究区评价单元总数。

　　计算单个单元内 n 种因素组合情况下,提供滑坡发生总信息量,即:

$$I=\sum_{i=1}^{n}I_i=\sum_{i=1}^{n}\ln\frac{S_i/S}{N_i/N} \tag{C.5}$$

　　I 值的大小直接指示该单元产生滑坡的可能性,单元信息量值越大越有利于滑坡的发生,即该单元的滑坡易发性越高。

C.2.2　逻辑回归模型

　　逻辑回归模型是滑坡易发性评价应用最广泛的一种数学方法,其揭示了一个因变量(y)和多个互不相关的自变量($x_1,\cdots,x_n$)之间形成的多元回归关系。将滑坡现象作为因变量,统计的历史滑坡数据是一个二分类变量(0 代表不是滑坡点,1 代表是滑坡点),坡度、坡向、地质构造、地层岩性和水系等指标因子作为自变量,应用逻辑回归模型进行滑坡易发性评价即寻找最优的拟合函数定量化描述滑坡现象和这些指标因子之间的关系。

　　如果某一事件或现象发生的可能性或概率设为 P,取值范围为 $[0,1]$,那么事件不发生的概率则为 $1-P$。当 P 的取值越接近于 0 或者 1 时,P 值的变化就越难捕捉,因此 P 值需要进行变换。一般取

$P/(1-P)$ 的自然对数,即用 $\ln[P/(1-P)]$ 对 P 的变化进行度量,将此变换称为 Logit 变换,记为 $\text{Logit}P$,此时 $\text{Logit}P$ 变化范围为 $(-\infty, +\infty)$。若有

$$\text{Logit}P = Z \tag{C.6}$$

$$P = \frac{\exp(Z)}{1 + \exp(Z)} \tag{C.7}$$

$$Z = \beta_0 + \beta_1 I_{1j} + \beta_2 I_{2j} + \cdots + \beta_n I_{nj} + \varepsilon \tag{C.8}$$

则

$$P = \frac{\exp(\beta_0 + \beta_1 I_{1j} + \beta_2 I_{2j} + \cdots + \beta_n I_{nj} + \varepsilon)}{1 + \exp(\beta_0 + \beta_1 I_{1j} + \beta_2 I_{2j} + \cdots + \beta_n I_{nj} + \varepsilon)} \tag{C.9}$$

式中:Z 为事件的效用函数,表达为自变量 $I_{1j}, I_{2j}, \cdots, I_{nj}$($j$ 为各个自变量的状态分级序列)的线性组合;β_n 为变量 I_{nj} 的估计参数。模型中 β_n 为逻辑回归系数,ε 为常数。故:

$$\text{Logit}P = \ln\frac{P}{1-P} = \varepsilon + \beta_1 x_1 + \beta_2 x_2 + \cdots + \beta_n x_n \tag{C.10}$$

式中:如果 β 为正数,则 $e^{\beta} > 1$,该指标因子与滑坡发生呈正相关关系;如果 β 为负数,则 e^{β} 在 $0 \sim 1$ 之间,该指标因子与滑坡发生呈负相关关系。

C.2.3 证据权模型

证据权模型最初被用于矿产的识别与勘探开发中,该模型主要利用已知矿产资源的空间分布情况计算多重映射下的潜在矿产。在矿产开发领域,证据权模型是一种运用十分广泛的技术。

近些年来,证据权模型被引入滑坡的评价中。作为一种定量分析模型,其以贝叶斯统计模型为基础,进一步分析已知滑坡地区的影响因子(如坡度、水系、岩性等)之间的空间关系,求取各个因子对于滑坡发生的权重值,进而通过计算整片区域各个地方的权重值判断整片区域内的滑坡易发性。

证据因子权重可视为每一个证据层与滑坡空间关系的条件概率,可基于研究区的栅格化计算求解。假设研究区总面积为 S_1,将研究区等划分为面积为 S_2 的栅格单元 $T = S_1/S_2$ 个。某一证据权重因子的计算公式为:

$$W^+ = \ln\frac{P(B/D)}{P(B/\bar{D})}, \quad W^- = \ln\frac{P(\bar{B}/D)}{P(\bar{B}/\bar{D})} \tag{C.11}$$

式中:D 为已知滑坡栅格单元数;$\bar{D}$ 为未发生滑坡栅格单元数;B 为某一证据因子分布的栅格单元数;$\bar{B}$ 为某一证据因子没有分布的栅格单元数;W^+ 为存在证据层时发生滑坡的可能性大小;W^- 为表示不存在证据层时发生滑坡的可能性大小。

对比度 $C = W^+ - W^-$ 可用来表示证据层因子和滑坡空间关系的相关性大小。该模型要求每一个证据层因子基于条件独立性原则。若假设条件成立,根据 Bayes 法则,计算后验几率 O,即:

$$\ln O(D \mid B_1^k \cap B_2^k \cap B_3^k \cap \cdots \cap B_n^k) = \sum_{j=1}^{n} W_j^k + \ln O(D) \tag{C.12}$$

式中:K 表示证据层存在(W_j^+)或不存在(W_j^-);最后计算后验概率 P(其中 O 为后验几率):

$$P = O/(1+O) \tag{C.13}$$

总的来说,证据权的分析是以数据驱动的定量评价,需要解决权重、先验概率和后验概率三部分的计算,最终得到的后验概率即为滑坡的可能性大小,可用于滑坡易发性评价。

C.2.4 支持向量机模型

支持向量机是一种基于结构风险最小化原则,以构造最优超平面为目标的统计学习方法。首先利

用某种事先选择的核函数将输入向量映射到一个高维特征空间,然后在特征空间中寻找最优分类超平面,使得尽可能多地将两类数据点正确分开,同时使分类间隔最大。

假设支持向量分类的训练样本有 n 个数据,表示为 $[x_i, y_i](i=1,2,\cdots,n)$,其中 x_i 为输入变量(指标因子),y_i 为输出变量(是否为滑坡)。只考虑一个输入变量的情况下,支持向量回归的超平面一般形式为 $f(x)=w \cdot x+b$(w 为权向量,b 为偏置项)。当有 n 个输入变量时,支持向量回归的超平面为:

$$y = b + \sum_{i=1}^{n} w_i x_i = b + w^{\mathrm{T}} x_i \tag{C.14}$$

在满足残差零均值和等方差的前提下,回归方程的参数估计通常采用最小二乘法,以使输出变量的实际值与估计值之间的离差平方和最小为原则求解回归方程的参数,即求解损失函数达到最小值时的函数,即:

$$\min_{b,\omega} \sum_{i=1}^{n} e_i^2 = \sum_{i=1}^{m} (y_i - \hat{y}_i)^2 = \sum_{i=1}^{m} \left(y_i - b - \sum_{i=1}^{n} w_i x_{ij} \right)^2 \tag{C.15}$$

式中:$e_i^2 = (y_i - \hat{y}_i)^2 (i=1,2,\cdots,m)$ 为误差函数,是样本输出变量实际值与其预测值(回归线上的点)的离差 $y_i - \hat{y}_i$ 的平方,$\hat{y}_i$ 为第 i 个观测的输出变量预测值。

支持向量机采用 ε-不敏感损失函数,回归分析中每个观测的误差函数值都计入损失函数,而支持向量回归中,误差函数值小于指定值 ε 的观测,它给损失函数带来的损失将被忽略,不对损失函数做出贡献。

如图 C.1 所示,当绝对离差 $|e_i|$ 大于 ε 时,损失随 $|e_i|$ 呈二次型增加,否则损失保持为 0,即 $L_i = \max[0, |e_i|-\varepsilon]^2$。超平面两侧竖直距离为 2ε 的两平行实线的中间区域,称为 ε-带。落入 ε-带中的样本点,其误差将被忽略。另外,松弛变量 ξ 是样本点与 ε-带的竖直方向上的距离,为 $\xi_i = \max[0, |e_i|-\varepsilon]$,$\varepsilon$-带内部的样本松弛变量 ξ_i 为 0。

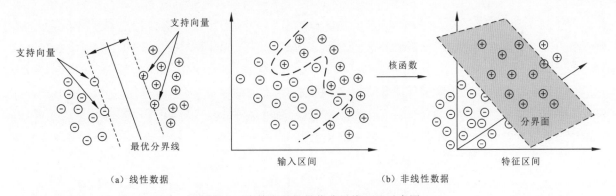

（a）线性数据　　　　　　　　　　（b）非线性数据

图 C.1　支持向量机最优分界线(面)示意图

参照广义线性可分问题中的目标函数,支持向量回归的目标函数定义为:

$$\min\left[\frac{1}{2} \| w \|^2 + \frac{c}{2} \sum_{i=1}^{m} (\xi_i^2 + \xi_i^{*2})\right] \tag{C.16}$$

约束条件为:

$$\begin{cases} (b + w^{\mathrm{T}} x_i) - y_i \leqslant \varepsilon + \xi_i \\ y_i - (b + w^{\mathrm{T}} x_i) \leqslant \varepsilon + \xi_i^* \qquad (i=1,2,\cdots,m) \\ \varepsilon \geqslant 0, \xi_i^* \geqslant 0 \end{cases} \tag{C.17}$$

式中:ξ_i 和 ξ_i^* 分别为当超平面位于第 i 个样本点上方和下方时的松弛变量值。

则非线性训练数据支持向量回归(SVR)的函数为:

$$f(\boldsymbol{x}) = [\boldsymbol{w} \cdot \varphi(\boldsymbol{x}) + b] = \sum_{i=1}^{n} (a_i - a_i^*) K(\boldsymbol{x}_i, \boldsymbol{x}) + b \qquad \text{(C.18)}$$

式中: a_i 和 a_i^* 为拉格朗日乘数($a_i \geqslant 0, a_i^* \leqslant C$)。

C.3　确定性物理模型

C.3.1　TRIGRS 模型

TRIGRS 模型采用栅格数据进行计算,一个栅格即为栅格单元,代表一个属性值(如地表高程、坡度等),相同位置的不同属性值的栅格单元组成了栅格单元体。随着栅格划分得越精细,栅格单元体不仅可以更精确地反映斜坡的地形与地质信息,而且计算的结果可以展示斜坡不同部位的稳定性情况。在考虑复杂水文过程的确定性计算时该模型作了一定的简化与假设,主要有:①采用斜坡稳定性的力学简化模型,即假设滑动面、地下水位线与地表面平行;②土体为均质且各向同性;③超过饱和土体入渗能力的降雨量流向下部单元,未超过部分竖直入渗土体。

1. 饱和初始条件

TRIGRS 模型的水文力学计算采用 Iverson(2000)提出的 Richards 方程的线性解,其渗流场综合考虑了稳态入渗与瞬态入渗。稳态入渗依赖于初始地下水位深度和初始入渗率。稳态入渗率、饱和渗透系数以及坡角决定了稳态(初始)的水流方向。稳态的竖直水力梯度是关于坡度、稳态(初始)入渗率和饱和渗透系数的函数。Savage(2004)等在考虑降雨入渗强度和历时的前提下概化了前者的理论,发展了有限土层厚度的瞬态降雨入渗模型。以地下水压力水头 ψ 为变量的 Richards 方程的基本形式为:

$$\frac{\partial \psi}{\partial t} C(\psi) = \frac{\partial}{\partial x} \left[K_L(\psi) \left(\frac{\partial \psi}{\partial x} - \sin\alpha \right) \right] + \frac{\partial}{\partial y} \left[K_L(\psi) \left(\frac{\partial \psi}{\partial y} \right) \right] + \frac{\partial}{\partial z} \left[K_z(\psi) \left(\frac{\partial \psi}{\partial z} - \cos\alpha \right) \right] \quad \text{(C.19)}$$

式中: $C(\psi)$ 为比水容量, $C(\psi) = \mathrm{d}\theta / \mathrm{d}\psi$, θ 为土体含水率; α 为坡度; x 、y 、z 为以与地表面相切并指向滑动方向为 x 轴正交建立的坐标系(图 C.2)的坐标值; K_L 、K_z 分别为侧向(x,y)和 z 方向上的渗透系数。

TRIGRS 模型对降雨入渗进行部分简化,只考虑竖直方向的入渗,而忽略了(x,y)方向的侧向流动。如图 C.2 所示,坡度为 α 的斜坡, $Z_{\max}$ 为地表到基岩面的距离; d_{lzw} 为地下水位到基岩面的距离; d_z 为地表到地下水位的距离。那么式(C.19)可简化为:

$$\frac{\partial \psi}{\partial t} \frac{\mathrm{d}\theta}{\mathrm{d}\psi} = \frac{\partial}{\partial z} \left[K_z(\psi) \left(\frac{\partial \psi}{\partial z} - \cos\alpha \right) \right] \qquad \text{(C.20)}$$

Iverson(2000)认为,在饱和或接近饱和状态的土体中,竖直入渗的水流运动符合线性范围内的达西定律, $K_z(\psi)$ 与 $C(\psi)$ 为常量 K_z 和 C_0 (水土特征曲线最小斜率),继而 Richards 方程可线性化为:

$$\frac{\partial \psi}{\partial t} = \frac{K_z}{C_0 \cos^2\alpha} \frac{\partial^2 \psi}{\partial z^2} \qquad \text{(C.21)}$$

TRIGRS 模型可计算以下两种基岩边界:①基岩渗透性与土体相同[图 C.3(a)];②基岩渗透性小于土体渗透性[图 C.3(b)]。第二类边界适用于相对不透水基岩之上比较松散透水的堆积层斜坡。

用一系列海维塞德阶跃函数展开式(C.21),可求得第二类基岩边界在有限深度 d_{lz} 随不同降雨强度和历时变化的孔隙水压力关系函数,其表达式如下:

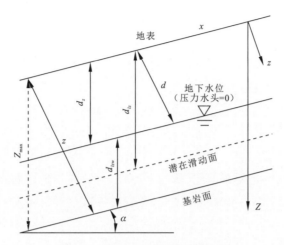

图 C.2　TRIGRS 模型计算示意图

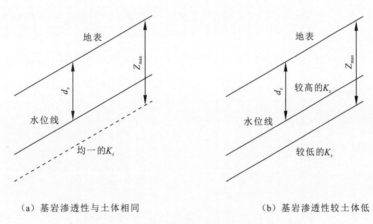

（a）基岩渗透性与土体相同　　　　　　　　　（b）基岩渗透性较土体低

图 C.3　TRIGRS 模型的降雨入渗模式示意图

$$\psi(z,t) = (z-d)\beta + 2\sum_{n=1}^{N}\frac{I_{nz}}{K_s}H(t-t_n)\sqrt{D_1(t-t_n)} \cdot \sum_{m=1}^{\infty}\left\{\text{ierfc}\left[\frac{(2m-1)d_{lz}-(d_{lz}-Z)}{2\left[D_1(t-t_n)\right]^{1/2}}\right]+\right.$$

$$\left.\text{ierfc}\left[\frac{(2m-1)d_{lz}+(d_{lz}-Z)}{2\left[D_1(t-t_n)\right]^{1/2}}\right]\right\} - 2\sum_{n=1}^{N}\frac{I_{nz}}{K_s}H(t-t_{n+1})\sqrt{D_1(t-t_{n+1})} \cdot$$

$$\sum_{m=1}^{\infty}\left\{\text{ierfc}\left[\frac{(2m-1)d_{lz}-(d_{lz}-Z)}{2\left[D_1(t-t_{n+1})\right]^{1/2}}\right]+\text{ierfc}\left[\frac{(2m-1)d_{lz}+(d_{lz}-Z)}{2\left[D_1(t-t_{n+1})\right]^{1/2}}\right]\right\} \qquad (C.22)$$

式中：Z 为竖直方向上深度，$Z=z/\cos\alpha$，z 为垂直于坡面的方向；t 为计算 ψ 的总时间；d 为稳定状态下测量得到的竖向地下水位埋深；$\beta=\cos^2\alpha-(I_{zlt}/K_s)$，$I_{zlt}$ 为稳定（初始）的地表入渗量，一般可以根据近几周或近几个月的平均降雨量获得；N 为降雨历时间隔总数；I_{nz} 为第 n 时段的降雨强度下对应的地表入渗量；K_s 为饱和竖直渗透系数；$D_1=D_0/\cos^2\alpha$，D_0 为饱和水力扩散系数（$D_0=K_s/S_s$，S_s 为比储水系数）；$H(t-t_n)$ 为海维塞德阶跃函数，t_n 为降雨期内第 n 时段的降雨历时。$\text{ierfc}(\eta)$ 函数的表达式为：

$$\text{ierfc}(\eta)=\frac{1}{\sqrt{\pi}}\exp(-\eta^2)-\eta\cdot\text{erfc}(\eta) \qquad (C.23)$$

式中：$\text{erfc}(\eta)$ 为互补误差函数。

依据 Iverson 的研究，TRIGRS 模型对式（C.22）所计算出的压力水头值进行了一定的物理限制，其

值不可能超过导致地下水位处于地表的压力水头值以及长期的水力梯度,表达式为:

$$\psi(Z,t) \leqslant Z\beta \tag{C.24}$$

将式(C.24)中地下水位线以下初始流向向上的栅格单元体进行了改进,采用下式计算:

$$\psi(Z,t) = (Z - d_t)\beta, \quad (Z > d_t) \tag{C.25}$$

式中:d_t 为瞬时地下水位的竖直深度。

2. 非饱和初始条件

在土壤湿度条件较差的情况下,地下水系统含两层,地下水位以下的饱和区及其上一定范围的毛细上升区为下层;地下水位以上延伸至地表的非饱和区为上层。非饱和土层吸收一部分由地表入渗的水量,剩余的水流穿过非饱和层并汇集于层底(初始水位线之上)的一定区域。非饱和条件下的土体降雨入渗的控制方程仍然是 Richards 方程简化后的一维竖直入渗方程式(C.21)。TRIGRS 模型采用 4 个参数($\theta_r, \theta_s, \delta, K_s$)拟合非饱和土的水土特征曲线:

$$K(\psi) = K_s \exp(\delta\psi^*) \tag{C.26}$$

$$\theta = \theta_r + (\theta_s - \theta_r)\exp(\delta\psi^*) \tag{C.27}$$

式中:$\psi = \psi(Z,t)$;$\psi^* = \psi - \psi_0$,$\psi_0 = -1/\delta$;δ 为 Gardner(1958)拟合水土特征曲线的常数参数;θ_r 为残余含水量;θ_s 为饱和含水量。

非饱和入渗过程中的渗透系数 $K(Z,t)$ 可由水土特征曲线按式(C.25)或由 Srivastava 和 Yeht (1991)提出的公式求得。通过 $K(Z,t)$ 反求解 $\psi(Z,t)$ 得到非饱和层中的压力水头为:

$$\psi(Z,t) = \frac{\cos\alpha}{\delta \cos^2\alpha} \ln\left[\frac{K(Z,t)}{K_s}\right] + \psi_0 \tag{C.28}$$

3. 斜坡稳定性计算

以莫尔-库仑破坏准则为理论基础,结合地下水孔隙水压力的变化,得到不同深度 z 处栅格单元体稳定性的表达式为:

$$F_s(Z,t) = \frac{\tan\varphi'}{\tan\alpha} + \frac{c' - \psi(Z,t)\gamma_w \tan\varphi'}{\gamma_s Z \sin\alpha \cos\alpha} \tag{C.29}$$

式中:φ' 为土壤有效内摩擦角;c' 为土壤有效黏聚力;γ_w 为水容重;γ_s 为土壤天然容重;$\psi(Z,t)$ 可由式(C.21)或式(C.27)计算得到。

在一定的降雨历时 t 中,TRIGRS 模型计算栅格单元体不同深度 z 的稳定性系数 F_s,当 $F_s \leqslant 1$ 时,栅格单元体可能沿着该深度滑动面发生滑动和破坏。该过程是一个瞬时的状态,并不能说明在此深度的岩土体一定会失稳,其是否失稳与自身稳定性的发展趋势以及周围岩土体的稳定状态有关。

C.3.2　Scoops 3D 模型

Scoops 3D 模型是由美国地质调查局(USGS)Reid 等于 2015 年开发采用 Fortran 语言编写的一个计算程序,可用于分析并计算数字化真实地形模型(如 DEM 模型)的三维斜坡稳定性。Scoops 3D 模型可系统地搜索并计算整个数字地形数以百万计的三维潜在滑坡的稳定性,获得潜在滑坡的厚度与体积范围,并将潜在滑坡范围内的每个 DEM 栅格(不包括处于滑坡范围边缘的 DEM)进行标记。Scoops 3D 模型同其他极限平衡方法一样存在一定的假设与限制条件,主要有:

(1)将滑体视为刚性并作整体下滑,忽略各栅格柱体之间垂直方向的作用力。

(2)假设四棱柱单元体底面法向反力与孔隙水压力都作用在条的中心。

(3)滑动面的破坏服从莫尔-库仑破坏准则,滑动面强度受黏聚力及摩擦控制。

(4)计算的稳定性系数为沿滑动面作用的最大抗滑力(或力矩)与下滑力(或力矩)的比值。

　　Scoops 3D 模型计算稳定性系数 F_s 时采用力矩平衡方法，主要采用普通的 Fellenius 法和简化的 Bishop 法。一般来说，所有的极限平衡方法（包括力矩平衡方法）都将 F_s 定义为平均抗剪强度 τ_f 与沿滑面滑动方向上的剪应力 τ 的比值：

$$F_s = \frac{\tau_f}{\tau} \tag{C.30}$$

　　当滑体处于极限平衡状态时，假设潜在滑体中每个栅格柱体的 F_s 相同，则平均下滑力 T 为其内部与 x、y 方向对应的行号为 i、列号为 j 的所有栅格柱体的下滑力之和，即：

$$T = \frac{1}{A} \int \frac{\tau_f A}{F_s} dA = \frac{1}{F_s} \sum \tau_{fij} A_{ij} \tag{C.31}$$

式中：A 为潜在滑面的总表面积；A_{ij} 为位于 i 行 j 列的栅格柱体的潜在滑面面积；τ_f 为平均抗剪强度；F_s 为稳定性系数。

　　每一个栅格柱体在重力方向上的力臂 a_{ij} 为从旋转轴线至柱体的质心（近似为柱体的几何中心）的水平距离，由几何关系可得：

$$a_{ij} = R_{ij} \sin\alpha_{ij} \tag{C.32}$$

式中：α_{ij} 为滑动方向上柱体底面的视倾角；R_{ij} 为栅格柱体底面到转动轴线的距离，随柱体的改变而不同，二维中该值为圆的半径（图 C.4）。

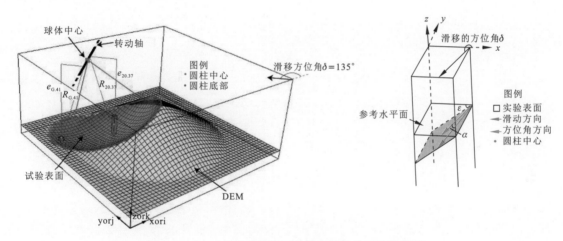

图 C.4　Scoops 3D 球形滑面及潜在滑体的三维示意图

　　因此，栅格柱体的重力及水平地震力的转动力矩 M_{dG}、M_{dEQ} 分别为：

$$M_{dG} = \sum R_{ij} W_{ij} \sin\alpha_{ij} \tag{C.33}$$

$$M_{dEQ} = \sum W_{ij} k_{ij} e_{ij} \tag{C.34}$$

式中：e_{ij} 为栅格柱体的水平地震力臂，其值为栅格柱体质心到转动轴线所在高程的垂直距离（图 C.4）；其他参数含义同前。

　　抗转动力矩是所有栅格柱体底部的抗剪强度与其抗转动力臂（即 a_{ij}）的乘积总和，则所有栅格柱体的总抗转动力矩为：

$$M_r = \sum R_{ij} \frac{\tau_{fij} A_{ij}}{F_s} = \sum R_{ij} \frac{c_{ij} A_{ij} + (N_{ij} - u_{ij} A_{ij})\tan\varphi_{ij}}{F_s} \tag{C.35}$$

式中：c_{ij} 和 φ_{ij} 为第 i 行 j 列栅格柱体滑动面的抗剪强度参数；N_{ij} 为正应力；其他参数含义同前。

因此，潜在滑体的稳定性 F_s 系数为：

$$F_s = \frac{\sum R_{ij}[c_{ij}A_{ij} + (N_{ij} - u_{ij}A_{ij})\tan\alpha_{ij}]}{\sum W_{ij}(R_{ij}\sin\alpha_{ij} + k_{ij}e_{ij})} \tag{C.36}$$

式中各参数含义同前。

Fellenius 法与 Bishop 简化法采用不同的正压力计算方法对滑坡稳定性进行评价，其稳定性计算公式分别为：

$$F_s = \frac{\sum R_{ij}\left\{c_{ij}A_{ij} + \left[\frac{\cos^2\alpha_{ij}}{\cos\beta_{ij}}(W_{ij} - W_{ij}k_{eq}\tan\alpha_{ij}) - u_{ij}A_{ij}\right]\tan\alpha_{ij}\right\}}{\sum W_{ij}(R_{ij}\sin\alpha_{ij} + k_{ij}e_{ij})} \tag{C.37}$$

式中各参数含义同前。

$$F_s = \frac{\sum R_{ij}[c_{ij}A_{ij} + (W_{ij} - u_{ij}A_{ij})\tan\alpha_{ij}]}{\sum W_{ij}(R_{ij}\sin\alpha_{ij} + k_{ij}e_{ij})F_s}(\cos\beta_{ij}F_s + \sin\alpha_{ij}\tan\varphi_{ij}) \tag{C.38}$$

式中各参数含义同前。

附录 D　ROC 曲线的绘制过程

　　滑坡评价中,可先将模型的预测结果图均分成 50 个级别,依次统计所选级别内的总面积与滑坡面积,以累计总面积频率作横轴,以累计滑坡面积频率作纵轴,画出 ROC 曲线,将曲线下面积作为滑坡易发性分区精度,曲线横纵坐标公式(D. 1)与示意图(图 D. 1)如下:

$$X_i = \frac{\sum\limits_{i=1}^{i} N_i}{N_{总}}, Y_i = \frac{\sum\limits_{i=1}^{i} A_i}{A_{总}} \qquad (i = 1, 2, \cdots, 50) \tag{D. 1}$$

式中:N_i 为第 i 级别中的研究区面积;$N_{总}$ 为研究区总面积;A_i 为研究区内第 i 级别中的滑坡面积;$A_{总}$ 为研究区内滑坡总面积。

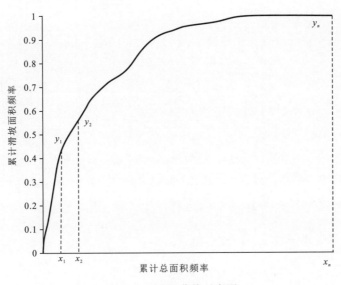

图 D. 1　ROC 曲线示意图

附录 E　降雨极值分析方法

对于武陵山区降雨诱发的滑坡,其发生和复活与雨型、雨强、降雨历时等因素有关,降雨型滑坡发生概率研究主要集中在与之相关的特征降雨的极大值分布分析上。极大值分布函数有 3 种类型:指数型、柯西型和有界型。当原始分布为指数型分布时,其样本极值为指数型的渐进分布(Gumbel 分布),在降雨极值计算中,多采用 Gumbel 理论进行计算。可将 Gumbel 分布写成如下形式:

$$A(y) = P(x < y) = e^{-a(y-u)} \tag{E.1}$$

要计算降雨极值,首先要对公式中的参数 a,u 进行估计,a 是尺度参数,u 是分布密度参数,x 是降雨样本,y 是临界降雨值,采用 Gumbel 法对参数进行估计,计算过程如下:

$$a = \frac{\sigma_x}{\sigma_y}, u = \bar{y} - a\bar{x} \tag{E.2}$$

式中:

$$\sigma_x = \sqrt{\frac{\sum (x_m - \bar{x})^2}{N}} \tag{E.3}$$

$$\bar{x} = \frac{\sum x_m}{N} \tag{E.4}$$

$$x_m = -\ln\left[-\ln\left(\frac{m}{N+1}\right)\right], \quad m = 1, 2, \cdots, N \tag{E.5}$$

某一重现期为 T 的极值降雨强度 R_T 可用式(E.6)计算:

$$R_T = u - \frac{1}{a}\left[\ln(\ln\frac{T}{T-1})\right] \tag{E.6}$$

采用式(E.6)计算累计降雨量在不同重现期(10 年、20 年、50 年等)的降雨阈值。

附录 F　滑坡稳定性计算方法

F.1　摩根斯坦-普瑞斯法

滑坡的稳定性计算基本都是采用基于极限平衡原理的条分法的各种方法,主要有摩根斯坦-普瑞斯法、传递系数法、简布法和无限斜坡模型。其中,摩根斯坦-普瑞斯法(Morgenstern-Price)考虑了全部平衡条件与边界条件,消除了计算方法上的误差。武陵山区降雨诱发的土质滑坡灾害可采用摩根斯坦-普瑞斯法,该方法的力学模型和详细计算原理如下。

Morgenstern-Price 方法中滑动土体和土条受力如图 F.1 和图 F.2 所示。图 F.1 中 $y = z(x)$ 为坡面;$y = h(x)$ 为浸润线,即侧向孔隙水压力线;$y = y(x)$ 为滑裂线;$y = y'_t(x)$ 为条间力作用点连线,即有效应力的推力线。

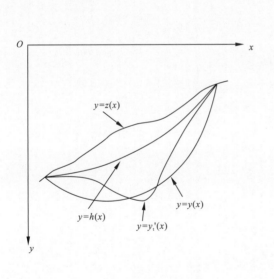

图 F.1　潜在滑动体

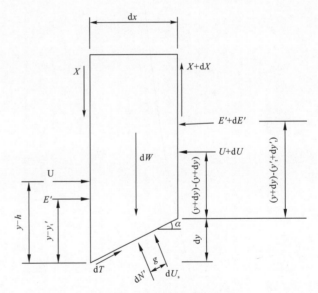

图 F.2　作用在土条上的力

图 F.2 所示为其中任一微分土条,有七个作用力:①重力 dW;②土条底面的有效法向压力 dN';③切向阻力 dT;④土条两侧的有效法向条间力 E'、$E' + dE'$;⑤切向条间力 X、$X + dX$;⑥U 及 $U + dU$ 为作用于土条两侧的孔隙水压力;⑦dU_s 则为作用于土条底部的孔隙水压力。表达式如下:

$$E'\left[(y - y'_t) - \left(-\frac{dy}{2}\right)\right] - (E' + dE')\left[(y + dy) - (y'_t + dy'_t) + \left(-\frac{dy}{2}\right)\right] - X\frac{dx}{2} -$$

$$(X + dX)\frac{dx}{2} + U\left[(y - h) - \left(-\frac{dy}{2}\right)\right] - (U + dU)\left[(y + dy) - (h + dh) + \left(-\frac{dy}{2}\right)\right] - g\,dU_s = 0$$

将上式整理化简,略去高阶微量,得到每一土条满足力矩平衡的微分方程:

$$X = \frac{\mathrm{d}}{\mathrm{d}x}(E'y'_{\mathrm{t}}) - y\frac{\mathrm{d}E'}{\mathrm{d}x} + \frac{\mathrm{d}}{\mathrm{d}x}(Uh) - y\frac{\mathrm{d}U}{\mathrm{d}x} \tag{F.1}$$

再取土条底部法线方向力的平衡,得:

$$\mathrm{d}n' + \mathrm{d}U_{\mathrm{s}} = \mathrm{d}W\cos\alpha - \mathrm{d}X\cos\alpha - \mathrm{d}E'\sin\alpha - \mathrm{d}U\sin\alpha$$

同时取平行土条底部方向力的平衡,可得

$$\mathrm{d}T = \mathrm{d}E'\cos\alpha + \mathrm{d}U\cos\alpha - \mathrm{d}X\sin\alpha + \mathrm{d}W\sin\alpha$$

又根据安全系数的定义及莫尔－库伦准则,得:

$$\mathrm{d}T = \frac{1}{F_{\mathrm{s}}}[c'\mathrm{d}x\sec\alpha + \mathrm{d}n'\mathrm{tg}\varphi']$$

同时引用孔隙水压力比的定义,得:

$$\mathrm{d}U_{\mathrm{s}} = r_{\mathrm{u}}\mathrm{d}W\sec\alpha$$

式中:F_{s} 为稳定性安全系数;r_{u} 为孔隙应力比。

综合以上各式,得到每一土条满足力的平衡的微分方程:

$$\frac{\mathrm{d}E'}{\mathrm{d}x}\left[1 - \frac{\mathrm{tg}\varphi'}{F_{\mathrm{s}}}\frac{\mathrm{d}y}{\mathrm{d}x}\right] + \frac{\mathrm{d}X}{\mathrm{d}x}\left[\frac{\mathrm{tg}\varphi'}{F_{\mathrm{s}}} + \frac{\mathrm{d}y}{\mathrm{d}x}\right] = \frac{c'}{F_{\mathrm{s}}}\left[1 + \left(\frac{\mathrm{d}y}{\mathrm{d}x}\right)^2\right] + \frac{\mathrm{d}U}{\mathrm{d}x}\left[\frac{\mathrm{tg}\varphi'}{F_{\mathrm{s}}}\frac{\mathrm{d}y}{\mathrm{d}x} - 1\right] +$$

$$\frac{\mathrm{d}W}{\mathrm{d}x}\left\{\frac{\mathrm{tg}\varphi'}{F_{\mathrm{s}}} + \frac{\mathrm{d}y}{\mathrm{d}x} - r_{\mathrm{u}}\left[1 + \left(\frac{\mathrm{d}y}{\mathrm{d}x}\right)^2\right]\frac{\mathrm{tg}\varphi'}{F_{\mathrm{s}}}\right\} \tag{F.2}$$

为简化计算,以土条侧面总的法向力 E 来代替有效法向力 E',则有:

$$E = E' + U$$

其作用点位置 y_{t} 可用下式求出:

$$Ey_{\mathrm{t}} = E'y'_{\mathrm{t}} + Uh$$

同时因为 E 和 X 之间必定存在一个对 x 的函数关系:

$$X = \lambda f(x)E$$

式中:λ 为任意选择的一常数。

对每一土条,由于 $\mathrm{d}x$ 可取得很小,使 $y = z(x)$,$f(x)$,$x = h(x)$ 及 $y = y(x)$ 在土条范围内近似一直线,在每一土条内有

$$y = Ax + B$$

$$\frac{\mathrm{d}W}{\mathrm{d}x} = px + q$$

$$f = kx + m$$

式中,A、B、p、q、k 及 m 均为任意常数,可通过几何条件和所选的 $f(x)$ 来确定,由(1)得到:

$$X = \frac{\mathrm{d}}{\mathrm{d}x}(Ey_{\mathrm{t}}) - y\frac{\mathrm{d}E}{\mathrm{d}x} \tag{F.3}$$

式(F.2)简化为:

$$(Kx + L)\frac{\mathrm{d}E}{\mathrm{d}x} + KE = Nx + P \tag{F.4}$$

式中:

$$K = \lambda k\left(\frac{\mathrm{tg}\varphi'}{F_{\mathrm{s}}} + A\right)$$

$$L = \lambda m\left(\frac{\mathrm{tg}\varphi'}{F_{\mathrm{s}}} + A\right) + 1 - A\frac{\mathrm{tg}\varphi'}{F_{\mathrm{s}}}$$

$$N = p\left[\frac{\mathrm{tg}\varphi'}{F_\mathrm{s}} + A - r_\mathrm{u}(1+A^2)\frac{\mathrm{tg}\varphi'}{F_\mathrm{s}}\right]$$

$$P = \frac{c}{F_\mathrm{s}}(1+A^2) + q\left[\frac{\mathrm{tg}\varphi'}{F_\mathrm{s}} + A - r_\mathrm{u}(1+A^2)\frac{\mathrm{tg}\varphi'}{F_\mathrm{s}}\right]$$

对方程(F.4)从 x_i 到 x_{i+1} 进行积分,可以求得:

$$E_{i+1} = \frac{1}{L+K\Delta x}\left(E_i L + \frac{N\Delta x^2}{2} + P\Delta x\right)$$

对最后一土条必须满足条件: $E_0 = 0$。

对式(F.3)积分得:

$$M_{i+1} = E_{i+1}(y-y_i)_{i+1} = \int_{x_i}^{x_{i+1}}\left(X - E\frac{\mathrm{d}y}{\mathrm{d}x}\right)\mathrm{d}x$$

最后也必须满足条件: $M_n = \int_{x_0}^{x_n}\left(X - E\frac{\mathrm{d}y}{\mathrm{d}x}\right)\mathrm{d}x = 0$

为了找到满足所有平衡方程的 λ 和 F_s 值,可以先假定一个 λ 和 F_s,然后逐条积分得到 E_n 和 M_n,如果不为零,再用一个有规律的迭代步骤不断修正 λ 和 F_s,直到 $E_n = 0$ 及 $M_n = \int_{x_0}^{x_n}\left(X - E\frac{\mathrm{d}y}{\mathrm{d}x}\right)\mathrm{d}x = 0$。

该法可看作剩余推力法的改进,引进一个待定的常数 λ,再加上一个带求的安全系数 F_s,既可满足力的平衡,又可满足力矩的平衡。

F.2　顺层岩质滑坡平面滑动法

武陵山区地质灾害发育有红层顺层岩质滑坡,针对此类型的滑坡可采用平面滑动法计算稳定性和破坏概率,具体计算方法如下。

如图 F.3 所示,在降雨工况下滑坡稳定性分析中,R 为抗滑力,S 为滑动力,AB 为潜在滑动面,对于潜在滑体 $ABCD$ 的稳定性计算如下:

$$\begin{cases} R = cL + (W\cos\beta - \mu - \upsilon\sin\beta)\tan\varphi \\ S = W\sin\beta + \upsilon\cos\beta \\ A = (H-Z)\csc\beta \\ \mu = \frac{1}{2}\gamma_\mathrm{w}Z_\mathrm{w}(H-Z)\csc\beta \\ \upsilon = \frac{1}{2}\gamma_\mathrm{w}Z_\mathrm{w}^2 \\ W = \gamma H^2 A\cos\beta \end{cases} \quad (F.5)$$

式中:C 为边坡岩石的黏聚力(kPa);W 为滑体所受的重力(kN);β 为结构面倾角(°);μ、υ 分别为 AB 面、BC 面上所受的静水压力(kN);φ 为结构面摩擦角(°);A 为结构面面积(m²);γ_w 为水的重度(kN/m³);γ 为岩体的重度(kN/m³);Z_w 为滑坡后缘裂隙充水高度(m);H 为滑坡高度(m);Z 为滑坡后缘裂隙的高度(m);L 为滑动面长度(m)。

在计算分析中,结构功能函数为非线性函数,若 $X_1, X_2, \cdots, X_n$ 是结构中 n 个相互独立的随机变量,其平均值为 $\mu_{X_i}(i=1,2,\cdots,n)$,标准差为 $\sigma_{X_i}(i=1,2,\cdots,n)$。将功能函数 $Z = g(X_1, X_2, \cdots, X_n)$ 在随机变量的平均值处展开为泰勒级数,即:

$$Z = g(\mu_{X_1}, \mu_{X_2}, \cdots, \mu_{X_n}) + \sum_{i=1}^{n}\left(\frac{\partial g}{\partial X_i}\right)_\mu(X_i - \mu_{X_i}) + \cdots \quad (F.6)$$

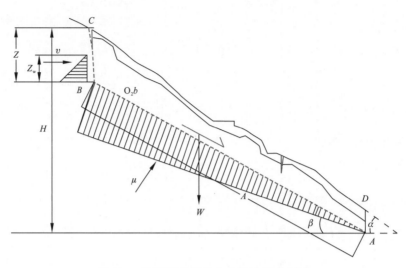

图 F.3　顺层岩质滑坡稳定性计算示意图

Z 的平均值和方差可表示为：

$$\begin{cases} \mu_Z = E(Z) = g(\mu_{X_1}, \mu_{X_2}, \cdots, \mu_{Xn}) \\ \sigma_Z^2 = E[Z - E(Z)]^z = \sum_{i=1}^{n} \left(\frac{\partial g}{\partial X_i}\right)_{\mu}^2 \sigma_{X_i}^2 \end{cases} \tag{F.7}$$

因此，可靠度指标可表示为：

$$\beta = \frac{\mu_Z}{\sigma_Z} = \frac{g(\mu_{x_1}, \mu_{x_2}, \cdots, \mu_{x_n})}{\sqrt{\sum_{i=1}^{n} \left(\frac{\partial g}{\partial X_i}\right)_{\mu}^2 \sigma_{X_i}^2}} \tag{F.8}$$

结构的破坏概率可表示为：

$$P_f = P(Z < 0) = \int_F f(Z) \mathrm{d}z = \Phi(-\beta) \tag{F.9}$$

式中：F 为结构的破坏域；$f(Z)$ 为结构功能函数的概率密度函数；μ_Z 为 Z 的平均值，σ_Z 为 Z 的方差。

附录 G　蒙特卡洛方法

蒙特卡洛方法（Monte Carlo Method）也称统计模拟方法，是指使用随机数（或更常见的伪随机数）解决很多计算问题的方法。其基本思想：若已知状态变量的概率分布，根据滑坡的极限状态条件 $F_s = f(c, \varphi, \rho, h, u, \cdots) = 1$，利用蒙特卡洛方法产生符合状态变量概率分布的一组随机数 $c_1, \varphi_1, \rho_1, h_1, u_1 \cdots$，代入状态函数 $F_s = f(c, \varphi, \rho, h, u, \cdots)$ 计算得到状态函数的一个随机数，反复用同样的方法产生 N 个状态函数的随机数。如果在 N 个状态函数的随机数中有 M 个小于或等于 1，当 N 足够大时，根据大数定律，此时的频率已近似于概率，从而可得滑坡的破坏概率为：

$$p_f = p(F_s \leqslant 1) = \frac{M}{N} \tag{G.1}$$

显然，当 N 足够大时，由稳定性系数的统计样本 $F_{s(1)}, F_{s(2)}, \cdots, F_{s(N)}$，可以比较精确地近似得到稳定性系数的分布函数 $G(F_s)$，并估计其分布参数。其均值 μ_{F_s} 和标准差 σ_{F_s} 分别为：

$$\mu_{F_s} = \frac{1}{N} \sum_{i=1}^{N} F_{s(i)} \tag{G.2}$$

$$\sigma_{F_s} = \left[\frac{1}{N-1} \sum_{i=1}^{N} (F_{s(i)} - \mu_{F_s})^2 \right]^{1/2} \tag{G.3}$$

进而可根据 $G(F_s)$ 拟合的理论分布，通过积分法求得破坏概率。在标准正态空间，也可根据其均值和标准差得到可靠指标：

$$\beta = \frac{\mu_{F_s}}{\sigma_{F_s}} \tag{G.4}$$

破坏概率则为：

$$p_f = 1 - \phi(\beta) \tag{G.5}$$

在用该方法建立的概率模型中，可能遇到各种不同分布的随机变量，则要求产生对应于该随机变量（或分布）的随机数，称作对该随机变量进行模拟或抽样。以下针对滑坡稳定性计算中常遇到的分布类型——正态分布，进行抽样方法介绍。

正态分布 $N(\mu, \sigma^2)$ 的密度函数为：

$$f(x) = \frac{1}{\sqrt{2\pi}\sigma} \exp\left[-\frac{(x-\mu)^2}{2\sigma^2} \right] \tag{G.6}$$

对于这种非标准的正态分布，可用标准正态分布 $N(0,1)$ 的随机变量 x' 经下列线性变换得到：

$$x = \mu + \sigma x' \tag{G.7}$$

式中：μ 和 σ 分别为所求非标准正态分布随机变量 x 的均值和标准差；x' 为标准正态分布的随机变量。其中，x' 的获得方法有变换法、极法、近似法和舍选法 4 种，使用最多的是变换法。取 $[0,1]$ 区间内两个独立的均匀随机数 u_1 和 u_2，利用二元函数变换得到：

$$\begin{cases} x_1' = (-2\ln u_1)^{1/2} \cos(2\pi u_2) \\ x_2' = (-2\ln u_1)^{1/2} \sin(2\pi u_2) \end{cases} \tag{G.8}$$

则 x_1' 和 x_2' 是两个相互独立的标准正态分布的随机变量,代入式($G.7$)可同时产生一对互为正交的独立正态随机数,即:

$$\begin{cases} x_1 = \mu + \sigma(-2\ln u_1)^{1/2}\cos(2\pi u_2) \\ x_2 = \mu + \sigma(-2\ln u_1)^{1/2}\sin(2\pi u_2) \end{cases} \tag{G.9}$$

附录 H　滑坡数值模拟方法——有限体积法

　　有限体积法是近几年发展较快的一种相对较新的数值方法,因为它首先满足物理量守恒这一基本要求,此外较好地克服了有限元方法计算速度慢的缺点。滑坡运动过程中,运动滑体对地表松散物质的夹带以及滑体与滑动轨道间滑动摩擦作用的确定是保证计算结果准确性的关键因素。国内外的专家学者通过试验、力学分析及灾害实例调查统计分析等方法,对不同的滑体物质类型及滑坡运动特征,提出了不同的侵蚀速率及滑动摩擦阻力项的计算模型。运动滑体底面的摩擦力与滑体物质组成及滑面性质相关,如果滑坡含水量高,滑坡类似于泥石流性质,采用 Voellmy 流体模型进行模拟计算。Voellmy 流体模型由 Voellmy 首先应用于雪崩运动过程的计算,计算公式包括摩擦阻力项和湍流项,公式具体形式为:

$$T = A_i \left[\gamma H_i \left(\cos\alpha + \frac{a_c}{g} \right) \tan\varphi + \gamma \frac{v_i^2}{\xi} \right] \tag{H.1}$$

式中:湍流系数 ξ 的单位为 m^2/s,该系数由 Voellmy 首先提出用来描述雪崩运动过程中空气阻力作用。室内试验发现体积恒定状态下,颗粒状岩土物质的快速剪切强度随剪应变率的平方增长;在浅层不排水滑动路径上运动的滑体,运动起始时底面摩擦力较低,运动过程中摩擦力的增长与滑坡速度的平方项相关,此时系数 ξ 用来描述滑动面的属性。Voellmy 流体模型被广泛应用于雪崩、岩崩及滑坡运动过程的模拟计算中。

附录 I　承灾体易损性定性评价参考值

可采用描述性的语言对承灾体易损程度进行分类,然后给定范围值或推荐值。不同的承灾体类型在遭受不同强度的破坏时,其易损性值的大小有差别,这些建议值来源于工程经验、专家判别以及已有灾害造成损失的统计分析,表 I.1~表 I.4 给出了不同承灾体的易损性参考值。

表 I.1　建筑物和人口易损性参考值表

建筑物易损性			人口易损性	
描述	损失范围(%)	参考值(指标)	描述	参考值(指标)
完整结构	0	0	无人受到影响	0
局部损坏	1~25	0.25	没有身体损伤,逃离	0.25
严重损坏,有修复的可能	26~50	0.5	身体受损,但仍能继续活动	0.5
结构大部分损坏,很难修复	51~75	0.75	受伤严重,高达 51% 残疾	0.75
完全损坏,不能使用	76~100	1	死亡,51%~100% 残疾	1

表 I.2　不同环境人口易损性参考值表(Finlay,1997)

环境	状态	人口易损性		备注
		取值区间	参考值	
空旷空间	被崩塌撞击	0.1~0.7	0.5	可能受伤
	被灾害体掩埋	0.8~1.0	1.0	很有可能死亡
	没有被灾害体掩埋	0.1~0.5	0.1	很有可能存活
交通工具中	车辆被灾害体掩埋	0.9~1.0	1.0	一定死亡
	仅是车辆受损	0~0.3	0.3	幸存的可能性大
建筑物中	建筑物垮塌	0.9~1.0	1.0	一定死亡
	建筑物和人均被灾害体掩埋	0.8~1.0	1.0	死亡的可能性很大
	建筑物被部分掩埋且人没有被掩埋	0~0.5	0.2	幸存的可能性大
	建筑物仅受到了撞击	0~0.1	0.05	危险性小

表 I.3 不同破坏程度道路设施易损性参考值表

道路设施破坏程度	易损值区间	参考值
无损坏	0	0
路基局部下沉,出现少量裂缝,对车辆通行影响小,小规模修复即可恢复正常使用	0~0.3	0.15
路基严重下沉,路面出现大量裂缝、沉陷,部分路面被灾害体掩埋,一般车辆无法正常通行,需要专门修复	0.3~0.7	0.5
路基严重崩塌,路面严重开裂、沉陷,路面被大量灾害体掩埋,交通完全中断,需要大规模专门修复	0.7~0.9	0.8
路基完全毁坏,需要重建	1	1

对于缓慢变形的滑坡,滑坡滑体内的深部位移可能造成建筑物基础的移动、倾倒或变形,从而影响上部结构的稳定性。有学者将建筑物的基础深度与所在位置的滑体厚度作为评判指标给出了不同厚度滑体上不同基础埋深建筑物易损性的参考值。

表 I.4 不同厚度滑体上不同基础埋深的建筑物易损性参考值表(Ragozin,2000)

建筑物基础埋深(m)	滑体厚度(m)	参考值
≤2	<2	1.0
>2	<2	0
小于滑体厚度	2~10	1.0
10~13	2~10	0.5~1.0
>13	2~10	0~0.5
任意值	>10	1.0*

注:*表示已进行滑坡防治或建筑物基础已实施针对滑坡的防治设计情况除外。

附录 J　区域与单体尺度崩塌灾害影响范围模拟

崩塌灾害影响范围模拟运用到的主要模型有二维模型和三维模型。其中二维模型在区域崩塌灾害影响范围分析中运用较为广泛,如 Perla 摩擦模型和简易摩擦模型,能基于 Flow - R 实现。对 ArcGIS 进行模拟的开源软件 RA,根据崩塌源、地形、下垫面等因素结合物理模型,能获取三维条件下的崩塌运动路径、速度和影响范围。

J.1　二维模型

J.1.1　弹跳距离模型

崩塌灾害活动的主要特征参数除崩塌体体积外,主要为崩塌体的运动速度和沿斜坡的弹跳距离。假定崩塌下落的势能只转变为动能和克服摩擦阻力做功(热能),并设其初速度为零。通过应用崩塌地质灾害动力学原理,根据崩落体的功能原理,崩落体运动速度、弹跳抛射角及崩落体的弹跳距离计算公式,结合剖面坡形的变化、土壤厚度、崩塌规模等计算源区最大弹跳距离,可预测危岩体崩塌时的影响范围,各公式具体介绍如下:

$$V = \sqrt{2gH(1 - K\cot\alpha)} \tag{J.1}$$

$$K = \left[1 - \frac{L_2}{4H\cos^2\alpha(H - L\tan\alpha)}\right]\tan\alpha \tag{J.2}$$

$$a = g\sin\alpha(1 - K\cot\alpha) \tag{J.3}$$

$$\beta = \frac{200 + 2a\left(1 - \dfrac{a}{45}\right)}{\sqrt[3]{V}} \tag{J.4}$$

$$S = \frac{2V^2}{g\cos\alpha}(\tan\alpha\sin^2\beta - 0.5\sin^2\beta) \tag{J.5}$$

式中:V 为崩落体沿斜坡运动的速度(m/s);g 为重力加速度(m/s²);K 为斜坡平均阻力系数,取决于石块的大小、形状、岩石的物理性质、石块运动状况等,是一个综合影响系数;a 为斜坡平均坡度(°);H 为坡顶到坡底的垂直高度(m);a 为崩落体沿斜坡运动的加速度(m/s²);L 为崩落体在台坎处抛射的距离(m);β 为崩塌体的弹跳抛射角(与水平面的夹角)(°);S 为崩落体沿斜坡的弹跳距离(m)。

J.1.2　Flow-R 模型

崩塌源开始运动后,落石在斜坡上继续运动。Flow-R 模型依据流向理论确定崩落方向,依据能量守恒定律,结合简易摩擦模型、惯性模型确定崩落路径和影响范围。因此将公式简化,落石的势能等于动能和克服摩擦所做的功,具体公式原理及示意图如下所示。

$$f_{si} = \frac{(\tan\beta_i)^x}{\sum_{j=1}^{\infty} (\tan\beta_j)^x} \tag{J.6}$$

$$E_{kin}^i = E_{kin}^0 + \Delta E_{pot}^i - E_j^i \tag{J.7}$$

$$\begin{cases} V_i = \left[\alpha_i\omega(1-e^{b_i}) + V_0^2 e^{b_i}\right]^{1/2} \\ \alpha_i = g(\sin\beta_i - \mu\cos\beta_i) \\ b_i = -\dfrac{2L_i}{\omega} \end{cases} \tag{J.8}$$

$$E_i^f = g\Delta x\tan\varphi \tag{J.9}$$

式(J.6)为 Holmgre 修正算法,示意图如图 J.1 所示。式中:$\tan\beta > 0$,$x \geqslant 1$;i、j 为运动方向($1,2,\cdots,8$),f_{si} 为 i 方向运动概率;$\tan\beta_i$ 为单元 i 方向与中心点的坡度值。当 $x=1$,类似于多流向算法;当 x 逐渐增大,分歧变小;当 $x\to\infty$,类似于单流向算法,增加指数 x 到多流量算法中有效减少了误差。

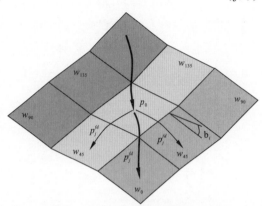

图 J.1　Holmgre 修正算法示意图

式(J.7)为能量公式,式中 E_{kin}^i 为目标像元 i 的动能;E_{kin}^0 为初始像元的势能;ΔE_{pot}^i 为初始像元向 i 像元运行过程中产生的动能;E_j^i 为受摩擦力影响产生的能量。

式(J.8)为简易摩擦模型公式,式中 ω 为质阻比;V_0 初始速度;g 为重力加速度;β_i 为所处像元的坡度;μ 为摩擦参数;L_i 为长度。

式(J.9)为能量损失函数,该函数能够基于最小到达角度得到最大可能运动距离,进而确定运动过程中产生的影响范围。式中,g 为重力加速度;Δx 为水平位移增量;φ 为中心像元与最远像元的连线与水平方向的夹角,即最小到达角度。在崩塌运动的过程中若产生的最小到达角度有 $\varphi < \varphi_1 < \varphi_2$,则产生的水平位移增量会有 $\Delta x > \Delta x_1 > \Delta x_2$,简易摩擦模型模拟如图 J.2 所示。

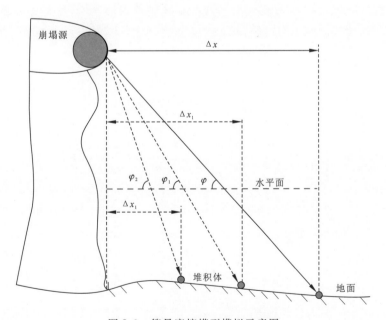

图 J.2　简易摩擦模型模拟示意图

J.2　三维模型

崩塌运动路径与影响范围模拟展示效果较好的三维模型有 Rockfall Analyst(RA)模型。RA 模型结合碰撞恢复系数理论、地质原理、地理信息系统、C♯及 ArcObjects 编译而成。它通过确定坐标系统、平面和动能模型对崩塌的影响范围进行模拟。

J.2.1　坐标系统和平面

在 RA 模型中两种右旋坐标系统被运用,分别是笛卡尔坐标系统和斜坡坐标系统。图 J.3 为两坐标系统转换示意图,其中 X 轴为正东向,Y 轴为正北向,Z 轴指向上方且垂直于 XY 轴;X' 为岩层倾向,Y' 为岩层走向,Z' 垂直于 $X'Y'$ 平面。

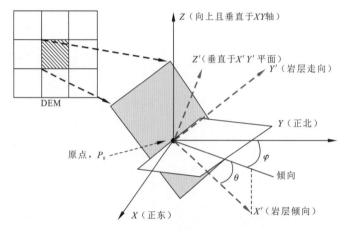

图 J.3　两坐标系统转换示意图

平面表示公式如式(J.10)所示,其中 A、B、C 为平面法向量系数,D 为与初始像元的距离。在笛卡尔坐标系统中单位法向量的表示方法如式(J.11)所示,式中 θ 为坡度,φ 为坡向。结合 Euler angles 理论将笛卡尔坐标系统转换为斜坡坐标系统,具体方法如式(J.12)所示,斜坡坐标系统转换为笛卡尔坐标系统如式(J.13)所示。

$$Ax + By + Cz + D = 0 \tag{J.10}$$

$$\boldsymbol{u}_n = (\sin\theta\sin\varphi, \sin\theta\cos\varphi, \cos\theta) \tag{J.11}$$

$$\boldsymbol{a}_{ij} = \begin{bmatrix} \cos\theta\cos(90°-\varphi) & \cos\theta\sin(90°-\varphi) & -\sin\theta & 0 \\ -\sin(90°-\varphi) & \cos(90°-\varphi) & 0 & 0 \\ \sin\theta\cos(90°-\varphi) & 0 & \cos\theta & 0 \\ 0 & 0 & 0 & 1 \end{bmatrix} \tag{J.12}$$

$$\boldsymbol{a}'_{ij} = \begin{bmatrix} \cos(\varphi-90°)\cos\theta & \sin(\varphi-90°) & \cos(\varphi-90°)\sin\theta & 0 \\ -\sin(\varphi-90°)\cos\theta & \cos(\varphi-90°) & -\sin(\varphi-90°)\sin\theta & 0 \\ -\sin\theta & 0 & \cos\theta & 0 \\ 0 & 0 & 0 & 1 \end{bmatrix} \tag{J.13}$$

J. 2. 2　动能模型

动能模型能够通过运动速度预测崩塌源的运动方向、运动形式、运动路径(影响范围)。一般地,崩塌体沿着斜坡运动过程中的运动轨迹呈抛物线形。路径可用三维矢量表示[式(J.14)],崩塌源崩落速度由式(J.15)可知。

运动路径可用三维矢量表示为:

$$\text{合速度 } \boldsymbol{v}_\mathrm{p} = \begin{bmatrix} V_{x0}t + X_0 \\ V_{y0}t + Y_0 \\ -\dfrac{1}{2}gt^2 + V_{z0}t + Z_0 \end{bmatrix} = \begin{bmatrix} 0 \\ 0 \\ 0.5gt^2 \end{bmatrix} + \begin{bmatrix} V_{x0} \\ V_{y0} \\ V_{z0} \end{bmatrix} + \begin{bmatrix} X_0 \\ Y_0 \\ Z_0 \end{bmatrix} \tag{J.14}$$

式中:$\boldsymbol{v}_\mathrm{p}$为合速度,$V_{x0}$、$V_{y0}$和$V_{z0}$分别为$x,y,z$轴的初速度。

崩塌源运动速度为:

$$\boldsymbol{v}_\mathrm{v} = \begin{bmatrix} V_{x0} \\ V_{y0} \\ V_{z0} - gt \end{bmatrix} = \begin{bmatrix} 0 \\ 0 \\ -gt \end{bmatrix} = \begin{bmatrix} V_{x0} \\ V_{y0} \\ V_{z0} \end{bmatrix} \tag{J.15}$$

如图 J.4 崩塌运动路径模拟图所示,法向量 1 和法向量 2 间的角度为 β,假设 β 大于临界角度(如45°),速度亦大于临界值(如 5m/s),崩塌的运动形式会由滑动或滚动形式转为跳跃形式。

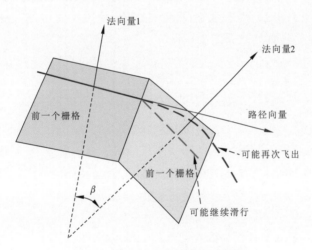

图 J.4　崩塌运动路径模拟示意图

崩塌源崩落速度确定首先需要寻找碰撞点,RA 模型利用相交抛物线和线性公式寻找碰撞点,并通过高分率的数字高程模型进行模拟。寻找到碰撞点以后,用运动速度结合几何光学规则和恢复系数理论进行模拟。在斜坡坐标系统中崩塌源的崩落速度如式(J.16)所示:

$$\begin{cases} V'_\mathrm{Dip} = V_\mathrm{Dip} R_\mathrm{T} \\ V'_\mathrm{Trend} = V_\mathrm{Trend} R_\mathrm{T} \\ V'_\mathrm{N} = V_\mathrm{N} R_\mathrm{N} \end{cases} \tag{J.16}$$

式中:V_Dip为地层倾向的分量速度;R_T为切向恢复系数,值域为[0,1];V_Trend为地层走向的分量速度;V_N为地层法向的分量速度;R_N为法向恢复系数,值域为[0,1]。崩塌体的崩落路径由崩落速度和方向确定,如果崩塌体的加速度大于 0,崩塌体会以增加的速度运动;如果崩塌体加速度等于 0,崩塌体会以同等速度运动,崩滑距等于最大路径段;如果崩塌体加速度小于 0 且崩滑距小于最大路径段时,速度为 0,运动停止。

J. 2. 3　Tsunami Squares 方法原理

　　为了更准确地计算滑坡运动与入水过程,引入模拟方法 Tsunami Squares(简称 TS)。该方法将一团运动的物质看作平面上由许多个形状大小相同,并且携带了一定厚度和速度的小正方形(Squares)组成。分析各块体在不同环境下受到的外力以及相互作用力,得到每一时刻下各块体的加速度,依据牛顿运动定律得到相应时刻的速度和位移,基于 TS 理论的连续性方程,选取合适的计算时步,更新每个时步下各个小正方形运动的位置、速度、厚度以及加速度,得出小正方形所模拟的物质随时间变化的运动特性。

　　TS 是一种适用于模拟流体和类流体运动的数值模拟新方法。其基本原理最先由美国学者 Ward (2008)提出,肖莉丽(2015)在其理论的基础上进行了滑坡运动模拟理论的解释和完善。TS 最大的创新点在于:①将研究对象看作带有一定厚度的、平面上形状大小均一的、微小可分割的正方块体,提出符合方块几何形变、运动的体积守恒和动量守恒理论。与传统的数值方法相比,TS 无需解复杂的微分方程,模拟对象无需网格化,且无需处理复杂的干湿边界条件,计算效率高。②根据滑坡运动提炼出两种摩擦力,分别为基底摩擦力和运动摩擦力,用研究对象所受的重力、块体间的相互作用力和摩擦力,清楚明确地阐述整个过程中滑坡的运动和受力情况。

　　TS 模拟过程中,研究区内所有的物质均由边长相等的多个小方块组成,每个方块携带相应的信息,如块体厚度、位置、速度、加速度、动量等,对于任意一团滑体物质的 N 个方块,方块的边长均为 D_c。TS 模拟时步演化及单个块体受力如图 J. 5、图 J. 6 所示。

　　该方法适用于各种流体与具有流体性质的运动过程模拟,可以完整地模拟滑坡运动,但其算法更适合碎屑流与崩塌的运动过程计算。

　　(1)重力

　　假设块体在光滑斜坡的 x 和 y 两个方向上运动,忽略摩擦力。$T(x)$ 为地面高程,即下底面高程,$P(x)$ 为运动物体表面高程,即上表面高程。

　　高程为某一时步对应的函数,不考虑其随时间的变化,总应力 F_b 为:

$$F_b = -Mg\boldsymbol{z} + Mg\boldsymbol{n}(\boldsymbol{n} \cdot \boldsymbol{z}) \tag{J. 17}$$

式中:

$$\boldsymbol{n} = +\boldsymbol{z}\cos\theta_T - \boldsymbol{x}\cos\theta_T \tag{J. 18}$$

　　故

$$F_b = Mg[-\boldsymbol{z}(1 - \cos^2\theta_T) - \boldsymbol{x}(\sin\theta_T \cdot \cos\theta_T)] \tag{J. 19}$$

　　式(J. 17)~式(J. 19)中,θ_T 为 x 向 z 方向偏移的角度;$\boldsymbol{n}$,$\boldsymbol{x}$,$\boldsymbol{z}$ 分别为 n 方向、x 方向和 z 方向的单位向量,因此 $\boldsymbol{n}$ 也可以写为:

$$\boldsymbol{n} = \frac{\boldsymbol{z} - \nabla T}{(1 + \nabla T \cdot \nabla T)^{1/2}} \tag{J. 20}$$

在二维计算中,有 $\nabla T = \boldsymbol{x}\dfrac{\partial T(x)}{\partial x}$,结合式(J. 18)~式(J. 20)可得:

$$F_b = -Mg(\nabla T) = -Mg \cdot \left[\boldsymbol{x}\frac{\partial T(x)}{\partial x}\right] \tag{J. 21}$$

　　综上可得,任意情况下作用于块体上的外力取决于滑体的下表面。

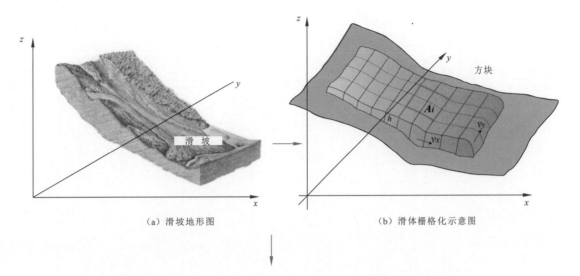

（a）滑坡地形图　　　　　　　　　　（b）滑体栅格化示意图

①时刻T已经滑动厚度、速度和加速度
　方块

A_1	A_2	A_3	A_4
$r_1H_1v_1$	$r_2H_2v_2$	$r_3H_3v_3$	$r_3H_3v_3$
A_5	A_6	A_7	A_8
$r_5H_5v_5$	$r_6H_6v_6$	$r_7H_7v_7$	$r_8H_8v_8$
A_9	A_{10}	A_{11}	A_{12}
$r_9H_9v_9$	$r_{10}H_{10}v_{10}$	$r_{11}H_{11}v_{11}$	$r_{12}H_{12}v_{12}$
A_{13}	A_{14}	A_{15}	A_{16}
$r_{13}H_{13}v_{13}$	$r_{14}H_{14}v_{14}$	$r_{15}H_{15}v_{15}$	$r_{16}H_{16}v_{16}$

②依次计算时步dt之后每个方块的加速度
　和位移

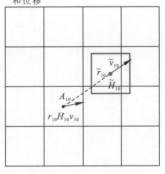

③将每个方块的滑动体积和线性动量
　分配给4个可能重叠的方块

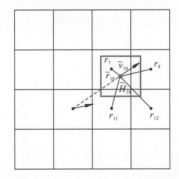

④相加获得时刻T+dt的方块的滑动厚度
　与速度

A_1	A_2	A_3	A_4
$r_1H_1v_1$	$r_2H_2v_2$	$r_3H_3v_3$	$r_3H_3v_3$
A_5	A_6	A_7	A_8
$r_5H_5v_5$	$r_6H_6v_6$	$r_7H_7v_7$	$r_8H_8v_8$
A_9	A_{10}	A_{11}	A_{12}
$r_9H_9v_9$	$r_{10}H_{10}v_{10}$	$r_{11}H_{11}v_{11}$	$r_{12}H_{12}v_{12}$
A_{13}	A_{14}	A_{15}	A_{16}
$r_{13}H_{13}v_{13}$	$r_{14}H_{14}v_{14}$	$r_{15}H_{15}v_{15}$	$r_{16}H_{16}v_{16}$

（c）模拟时步演化示意图

图 J.5　模拟时步演化示意图

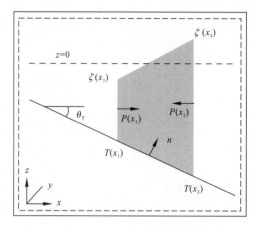

图 J.6　单个块体受力图(忽略摩擦力)

图中块体为刚性块体;$T(x)$为滑体底部地形高程;$\xi(x)$为块体上表面高程;
$P(x)$为流体 square 两边的侧压力;θ_T为底面坡角;n为垂直于底面的单位矢量

(2)基底摩擦力

基底摩擦力为滑体与滑床相互作用而阻碍滑体运动的静态摩擦力。它产生于两者的接触面上,大小取决于滑体的物质类型、固相系数、滑床的粗糙程度以及所受的正压力等。

任意一个块体在位置 r 处的基底摩擦力可以表示为:

$$F_b(r_i,t) = -\mu_b \cdot M \cdot g v_{slide}(r_i,t) \tag{J.22}$$

式中:v_{slide}为单位速度矢量,表示摩擦力方向始终与速度方向相反;μ_b为基底摩擦系数,系数取值参考《建筑边坡工程技术规范》(GB 50330—2013)中的建议。

表 J.1　基底摩擦系数参数表

岩土类别		基底摩擦系数 μ_b
黏性土	可塑	0.20～0.25
	硬塑	0.25～0.3
	坚硬	0.3～0.4
粉土		0.25～0.35
中砂、粗砂、砾砂		0.4
碎石土		0.4～0.5
极软岩、软岩、较软岩		0.4～0.6
表面粗糙的坚硬岩和较硬岩		0.65～0.75

(3)动摩擦力

动摩擦力为在空气或水体中的疏松物质因运动摩擦而产生的阻碍其运动的阻力。它来源于块体内部颗粒之间的摩擦,其方向与运动方向相反,大小与速度的平方成正比。该摩擦力在主流的摩擦模型中均有体现,当滑坡高速运动时,动摩擦力是使其减速的主要因素。一个厚度为 $H(r_i,t)$ 的移动块体的动摩擦力为:

$$F_{\mathrm{b}}(r_i,t) = -\mu_{\mathrm{d}} \cdot Mg \cdot v(r_i,t) \mid v(r_i,t) \mid / H(r_i,t) \qquad (\mathrm{J}.23)$$

式中：$v(r_i,t)$ 为块体 i 在 t 时刻的运动速度；μ_{d} 为动摩擦系数，表征了所有速度导向的粒子相互作用的性质，在整个运动过程中该系数的大小仅与颗粒所处的环境相关。

附录 K　斜坡单元划分方法

斜坡单元划分的关键在于山谷山脊线提取。常用的提取方法有集水流域法、曲率分水岭法,但这两种方法划分的斜坡单元需要投入大量的后续处理工作。本专题为此研究使用了盆域分析法并予以 GIS 二次开发,以软件的形式快速实现单元划分(图 K.1)。

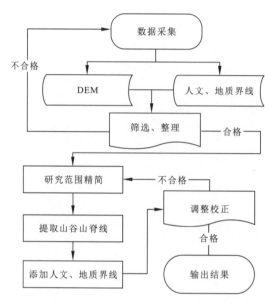

图 K.1　斜坡单元划分主要步骤示意图

主要参考文献

蔡鹤生,周爱国,唐朝晖.地质环境质量评价中的专家-层次分析定权法[J].地球科学,1998(03):83 - 86.

曹颖.单体滑坡灾害风险评价与预警预报——以万州区塘角 1 号滑坡为例[D].武汉:中国地质大学,2016.

陈昌富,朱剑锋,龚晓南.基于响应面法和 Morgenstern - Price 法土坡可靠度计算方法[J].工程力学,2008(10):166 - 172.

陈昌富,朱剑锋.基于 Morgenstern - Price 法边坡三维稳定性分析[J].岩石力学与工程学报,2010,29(07):1473 - 1480.

陈丽霞,殷坤龙,刘长春.降雨重现期及其用于滑坡概率分析的探讨[J].工程地质学报,2012,20(5):745 -750.

陈丽霞.三峡水库库岸单体滑坡灾害风险预测研究[D].武汉:中国地质大学,2008.

陈晓利,祁生文,叶洪.基于 GIS 的地震滑坡危险性的模糊综合评价研究[J].北京大学学报(自然科学版),2008,44(3):434 - 438.

陈悦丽.降雨型滑坡动力数值预报模式 GRAPES - LFM 的研究[D].南京:南京信息工程大学,2015.

陈则佑,冯正一,庄育蓁.应用 TRIGRS 方程式于边坡破坏机率分析——以奥万大地区为例[J].中华水土保持学报,2011,42(3):228 - 239.

丛威青,潘懋,李铁锋,等.基于 GIS 的滑坡、泥石流灾害危险性区划关键问题研究[J].地学前缘,2006(01):185 - 190.

戴福初,姚鑫,谭国焕.滑坡灾害空间预测支持向量机模型及其应用[J].地学前缘,2007(06):153 - 159.

甘玉萍,李长辉.贯彻落实《地质灾害防治条例》切实做好地质灾害防治工作[J].青海国土经略,2005(3):23 - 25.

高华喜,殷坤龙,李强.三峡库区滑坡概率密度分布与预测研究[J].浙江海洋学院学报(自然科学版),2009,28(2):137 - 140.

桂蕾.三峡库区万州区滑坡发育规律及风险研究[D].武汉:中国地质大学,2014.

韩利,梅强,陆玉梅,等.AHP -模糊综合评价方法的分析与研究[J].中国安全科学学报,2004(07):89 -92.

胡瑞林,范林峰,王珊珊,等.滑坡风险评价的理论与方法研究[J].工程地质学报,2013,21(1):76 - 84.

金菊良,魏一鸣,丁晶.基于改进层次分析法的模糊综合评价模型[J].水利学报,2004(03):65 - 70.

李宁,张鹏.全国减灾救灾标准解读系列四 《自然灾害风险分级方法》解读[J].中国减灾,2015(11):56 -59.

刘长春.三峡库区万州城区滑坡灾害风险评价[D].武汉:中国地质大学,2014.

刘磊,殷坤龙,王佳佳,等.降雨影响下的区域滑坡危险性动态评价研究——以三峡库区万州主城区为例[J].岩石力学与工程学报,2016,35(3):558 - 569.

刘丽娜,许冲,徐锡伟,等.GIS 支持下基于 AHP 方法的 2013 年芦山地震区滑坡危险性评价[J].灾害学,

2014,29(04):183－191.

　　冉小燕.基于嵌入式 ARM&WinCE 的滑坡监测仪的研究[D].成都:成都理工大学,2007.

　　尚志海,刘希林.自然灾害风险管理关键问题探讨[J].灾害学,2014,29(2):158－164.

　　石菊松,石玲,吴树仁,等.滑坡风险评估实践中的难点与对策[J].地质通报,2009,28(8):1021－1030.

　　石菊松,石玲,吴树仁.滑坡风险评估的难点和进展[J].地质论评,2007,53(6):797－806.

　　唐亚明,冯卫,李政国,等.滑坡风险管理综述[J].灾害学,2015,30(1):141－149.

　　唐亚明.陕北黄土滑坡风险评价及监测预警技术方法研究[D].北京:中国地质大学,2012.

　　汪华斌,吴树仁.滑坡灾害风险评价的关键理论与技术方法[J].地质通报,2008,27(11):1764－1770.

　　王朝阳,许强,陈伟.滑坡灾害风险性评价研究现状与展望[J].路基工程,2009(6):7－8.

　　王科,王常明,王彬,等.基于 Morgenstern－Price 法和强度折减法的边坡稳定性对比分析[J].吉林大学学报(地球科学版),2013,43(03):902－907.

　　王涛,吴树仁,石菊松.国际滑坡风险评估与管理指南研究综述[J].地质通报,2009,28(8):1006－1019.

　　吴树仁.滑坡风险评估理论与技术[M].北京:科学出版社,2012.

　　肖莉丽.库岸滑坡涌浪数值模拟研究[D].武汉:中国地质大学,2015.

　　徐一帆,湛亚礼,邓瑞传,等.几种确定崩塌危岩体崩落影响范围方法的比较及应用[J].凯里学院学报,2013,31(03):102－104.

　　杨建民,张正,陈凯强.土坡稳定分析 Morgenstern－Price 法的有效应力形式[J].工业建筑,2019,49(06):117－123.

　　叶珍.基于 AHP 的模糊综合评价方法研究及应用[D].广州:华南理工大学,2010.

　　殷坤龙,张桂荣,陈丽霞,等.滑坡灾害风险分析[M].武汉:中国地质大学出版社,2010.

　　殷坤龙,张桂荣,龚日祥,等.基于 Web－GIS 的浙江省地质灾害实时预警预报系统设计[J].水文地质工程地质,2003,30(3):19－23.

　　殷坤龙,张桂荣,龚日祥,等.浙江省突发性地质灾害预警预报[M].武汉:中国地质大学出版社,2005.

　　殷坤龙,朱良峰.滑坡灾害空间区划及 GIS 应用研究[J].地学前缘,2001,8(2):279－284.

　　殷坤龙.滑坡灾害预测预报[M].武汉:中国地质大学出版社,2004.

　　张俊.三峡库区万州区滑坡灾害风险评估研究[D].武汉:中国地质大学,2016.

　　张丽君.从土地利用规划入手提高地质灾害的防治水平——兼议地质灾害风险区划的急迫性与重要性[J].地质通报,2009,28(Z1):343－347.

　　张丽君.法国滑坡灾害风险预防管理政策[J].国土资源情报,2006(10):13－18.

　　张曦,陈丽霞,徐勇,等.两种斜坡单元划分方法对滑坡灾害易发性评价的对比研究[J].安全与环境工程,2018,25(1):12－17.

　　张秀童.四川某崩塌区危岩稳定性评价[J].中国煤炭地质,2010,22(05):49－51.

　　赵峰.公路隧道运营风险评估及火灾逃生研究[D].西安:长安大学,2010.

　　赵英时.遥感应用分析原理与方法[M].北京:科学出版社,2013.

　　赵洲,侯恩科.中国地质灾害生命可接受风险标准研究[J].科技导报,2011,29(36):17－22.

　　哲伦.美国地质调查局的滑坡灾害计划[J].资源与人居环境,2009(17):42－46.

　　邹志红,孙靖南,任广平.模糊评价因子的熵权法赋权及其在水质评价中的应用[J].环境科学学报,2005(04):552－556.

　　A. W. Malone,黄润秋.边坡安全与滑坡风险管理——香港的经验[J].地质科技管理,1999(5):6－18.

　　A. W. Malone,黄润秋.香港的边坡安全管理与滑坡风险防范[J].山地学报,2000,18(2):187－192.

　　Agterberg F. Combining indicator patterns in weights of evidence modeling for resource evaluation[J].

Natural Resources Research, 1992,1(1):39-50.

Baum R L, Savage W Z,Godt J W. TRIGRS: a fortran program for transient rainfall infiltration and grid-based regional slope-stability analysis, version 2.0[R]. Colorodo: US Department of the Interior and US Geological Survey, 2008.

Berthelsen G. The big Sur Coast highway management plan: innovation in managing a changing landscape [J]. California Department of Transportation, 2003,4(3):14-17.

Binnie, Partners. Report on the slope failures at Sau Mau Ping 25th August 1976[R]. Hong Kong: Government of Hong Kong, 1997.

Blake T F, Hollingsworth R A, Stewart J P. Recommended procedures for implementation of DMG special publication 117 guidelines for analyzing and mitigating landslide hazards in California[M]. California: Southern California Earthquake Center, 2002.

Bonhamcarter G, Agterberg F, Wright D. Integration of geological datasets for gold exploration in Nova Scotia[J]. Photogrammetric Engineering and Remote Sensing, 1988,54(11):1585-1592.

CC Y, K P W, N W H, et al. Investigation of some major slope failures between 1992 and 1995[R]. Hong Kong:Geotechnical Engineering Office Civil Engineering Department, 1996.

Dahal R K, Hasegawa S, Nonomura A, et al. Predictive modelling of rainfall-induced landslide hazard in the Lesser Himalaya of Nepal based on weights of evidence[J]. Geomorphology, 2008,102(3-4):496-510.

DiMartire D, De Rosa M, Pesce V, et al. Landslide hazard and land management in high-density urban areas of Campania region, Italy[J]. Natural Hazards and Earth System Sciences, 2012,12(4):905-926.

Fell R,Corominas J, Bonnard C, et al. Guidelines for landslide susceptibility, hazard and risk zoning for land-use planning[J]. Engineering Geology, 2008,102(3-4):99-111.

Finlay P J,Mostyn G R, Fell R. Vulnerability to landsliding[J]. Journal of Engineering Geology, 1997.

Flez C, Lahousse P. Recent evolution of natural hazard management policy in France, the example of Serre-Chevalier (French Alps)[J]. Environmental Management, 2004,34(3):353-362.

Glade T, Anderson M, Crozier M J. Landslide hazard and risk[M]. Manhattan: John Wiley & Sons Ltd, 2012.

Guzzetti F, Carrara A,Cardinali M, et al. Landslide hazard evaluation: a review of current techniques and their application in a multi-scale study, Central Italy[J]. Geomorphology, 1999,31(1-4):181-216.

Hand D. Report of the inquest into the deaths arising from the Thredbo landslide[R]. New South Wales: New South Wales Attorney General's Department, 2000.

Highland L,Bobrowsky P T, Survey G. The landslide handbook: A guide to understanding landslides [M]. Reston: U.S. Department of the Interior, U.S. Geological Survey, 2008.

Horton P,Jaboyedoff M, Rudaz B, et al. Flow-R, a model for susceptibility mapping of debris flows and other gravitational hazards at a regional scale[J]. Natural Hazards and Earth System Sciences, 2013,13(4):869-885.

Iverson R. Landslide triggering by rain infiltration[J]. Water Resources Research, 2000,36(7):1897-1910.

JH W, A L. On-site wastewater management system design and landslide risk assessment[J]. Water Science & Technology, 2005,51(10):55-63.

Kohler A,Jülich S, Bloemertz L. Guidelines: risk analysis-a basis for disaster risk management[M]. Eschborn: German Society for Technical Cooperation (GTZ), Federal Ministry for Economic Cooperation and Development (Germany), 2004.

Lateltin O, Haemmig C, Raetzo H, et al. Landslide risk management in Switzerland[J]. Landslides, 2005,2(4):313 - 320.

Li Z,Nadim F, Huang H, et al. Quantitative vulnerability estimation for scenario-based landslide hazards [J]. Landslides, 2010,2(7):125 - 134.

Loehr J E, Bowders J, Likos W J, et al. Engineering policy guidelines for design of earth slopes[R].Missouri Report Prepared for Missouri Department of Transportation (MoDOT), 2011.

MALONE A, HO K. Learning from landslip disasters in Hong Kong[J]. Built Environment, 1995,21(2/3):126 - 144.

Metz C E. Basic principles of ROC analysis[J]. Seminars in Nuclear Medicine, 1978,8(4):283 - 298.

Ng K C, Parry S, King J P, et al. Guidelines for natural terrain hazard studies[M]. Hong Kong: Geotechnical Engineering Office, 2002.

Quan Luna B, Blahut J, van Westen C J, et al. The application of numerical debris flow modelling for the generation of physical vulnerability curves[J]. Natural Hazards and Earth System Science, 2011, 11 (7): 2047 -2060.

Reid M E, Christian S B, Brien D L. Gravitational stability of three - dimensional stratovolcano edifices [J]. Journal of Geophysical Research: Solid Earth, 2000,105(B3):6043 - 6056.

Saaty R W. The analytic hierarchy process—what it is and how it is used[J]. Mathematical Modelling and Analysis, 1987,9(3 - 5):161 - 176.

Sassa K, Rouhban B, Briceño S, et al. Landslides: global risk preparedness[M]. Berlin: Springer, 2013.

Sassa K. "2006 Tokyo Action Plan"—strengthening research and learning on landslides and related earth system disasters for global risk preparedness[J]. Landslides, 2006,3(4):361 - 369.

Srivastava R,Yeh T C J. Analytical solutions for one - dimensional, transient infiltration toward the water table in homogeneous and layered soils[J]. Water Resources Research, 1991,27(5):753 - 762.

Tibaduiza M L C, Cardona O D, Barbat A H. A disaster risk management performance index[J]. Natural Hazards, 2007,41(1):1 - 20.

Van Western C J. Application of geographic information systems to landslide hazard zonation[D]. Enschede: University of Twente, 1993.

Xiao L, Ward S N, Wang J. Tsunami squares approach to landslide-generated waves: application to Gongjiafang landslide, Three Gorges Reservoir, China[J]. Pure and Applied Geophysics, 2015,172(12): 3639 -3654.